Frederic Vester:
Unsere Welt – ein vernetztes System

Mit zahlreichen Farb- und Schwarzweißabbildungen

W0012965

Deutscher
Taschenbuch
Verlag

Diese Taschenbuchausgabe ist die überarbeitete und erweiterte Neuausgabe des Katalogs der internationalen Wanderausstellung ›Unsere Welt – ein vernetztes System‹ von Frederic Vester. Der Katalog erschien 1978 im Verlag Ernst Klett, Stuttgart.
Weitere Informationen zur Ausstellung bei: Studiengruppe für Biologie und Umwelt GmbH, Nußbaumstraße 14, 8000 München 2

Von Frederic Vester
sind im Deutschen Taschenbuch Verlag erschienen:
Denken, Lernen, Vergessen (1327)
Phänomen Streß (1396)
Ballungsgebiete in der Krise (10080)
Neuland des Denkens (10220)
Krebs – fehlgesteuertes Leben (11181; zusammen mit Gerhard Henschel)

Oktober 1983
6. Auflage September 1990
Deutscher Taschenbuch Verlag GmbH & Co. KG, München
© 1978 Ernst Klett, Stuttgart
© für diese Ausgabe: 1983 Deutscher Taschenbuch Verlag
GmbH & Co. KG, München
Umschlaggestaltung: Celestino Piatti
Umschlagabbildung: Rathin Chattopadhyay, Stuttgart, und Studiengruppe für Biologie und Umwelt GmbH, München
Layout: Stefan Günther
Gesamtherstellung: C. H. Beck'sche Buchdruckerei, Nördlingen
Printed in Germany · ISBN 3-423-10118-0

Das Buch

Die technische und wirtschaftliche Entwicklung hat zu immer größerer Spezialisierung und zu immer größerer Komplexität von Technik und Wirtschaft – und damit auch von deren Wechselwirkung mit der Gesellschaft – geführt. Darüber haben wir mehr und mehr aus dem Auge verloren, wie sich diese Systeme zueinander, zum Menschen, zu unserer Kultur und zur Natur verhalten. Um der Probleme unserer Zivilisation Herr zu werden, müssen wir bestrebt sein, diese Komplexität zu durchdringen: Die Gesetzmäßigkeiten in der Natur – ein vorbildliches, sich durch Selbstregulierung erhaltendes System – müssen wieder Ausgangspunkt unseres Planens und Handelns werden.

In diesem Buch erläutert Frederic Vester anhand vieler anschaulicher Beispiele die Steuerung von Systemen in der Natur und durch den Menschen. Auf der Grundlage seiner Forschungsarbeit über Systemzusammenhänge und über die Entwicklung biokybernetischer Strategien auf den verschiedensten Gebieten gewährt Frederic Vester Einblick in einen faszinierenden Bereich: Wie wir die grundlegenden Gesetzmäßigkeiten von Systemen in ihren Abhängigkeiten und Wechselwirkungen verstehen, beurteilen und zur Lösung von Problemen einsetzen können.

Der Autor

Frederic Vester, am 23. November 1925 geboren, ist Biochemiker und Fachmann für Umweltfragen, Gründer und Leiter der Studiengruppe für Biologie und Umwelt GmbH und war mehrere Jahre Professor an der Bundeswehrhochschule in München. Er wurde bekannt durch wissenschaftliche Fernsehserien, Ausstellungen über Systemzusammenhänge und erfolgreiche Sachbücher, u.a.: ›Denken, Lernen, Vergessen‹, ›Das Überlebensprogramm‹, ›Phänomen Streß‹, ›Ballungsgebiete in der Krise‹, ›Krebs – fehlgesteuertes Leben‹ (mit G. Henschel), ›Neuland des Denkens‹, ›Bilanz einer Ver(w)irrung‹, ›Leitmotiv vernetztes Denken‹. Von ihm stammen das kybernetische Umweltspiel ›Ökolopoly‹ und die kybernetischen Umweltbilderbücher ›Das Ei des Kolumbus‹, ›Ein Baum ist mehr als ein Baum‹, ›Januskopf Landwirtschaft‹, ›Der Wert eines Vogels‹, ›Wasser = Leben‹. Zahlreiche Auszeichnungen.

Inhalt

Als Biologe, genauer Biochemiker und Biophysiker, der zwanzig Jahre lang in der experimentellen Forschung tätig war, hatte ich einen sehr intensiven Umgang mit lebenden Zellen – Krebszellen und normalen Zellen –, mit der Informationsweitergabe, mit genetischen Experimenten und mit Techniken und Organisationsformen in Tieren und Pflanzen. Organisationsformen, die jedoch nicht nur innerhalb eines Lebewesens, sondern interessanterweise genauso außerhalb einzelner Organismen zu beobachten sind, und zwar im Wechselspiel mit ihrer Umwelt. Bei dem, was sich *zwischen* verschiedenen Lebewesen, zum Beispiel in einem Ökosystem oder in einem ganzen Lebensraum, abspielt, handelt es sich um ganz ähnliche Kommunikationsvorgänge, Mechanismen, Austausch- und Regulationsprozesse, wie sie zwischen den einzelnen Zellen oder den Organen eines Organismus stattfinden.

Dieser enge Kontakt mit der biologischen Welt, mit dieser seit Milliarden Jahren unter ständiger Entfaltung aufrechterhaltenen Biosphäre, veranlaßte mich dann vor einem guten Jahrzehnt, in einer Art Umstülpungsprozeß nicht mehr immer weitere Fakten in diese Wissenschaft hineinzupumpen, sondern mehr und mehr Information aus ihr herauszuholen, um aufzuspüren, was wir davon eigentlich für unser Leben, für unsere Zukunft und für das Verständnis dieser Welt und ihrer Probleme nutzen können.

Das Ergebnis war verblüffend. Ich entdeckte, daß durch das bloße Garkochen und Verbraten *innerhalb* eines Faches ganz außergewöhnliche Erkenntnisse für andere Bereiche unerkannt blieben, die diese schlagartig hätten befruchten können. Ich entdeckte aber auch, daß das Anwenden und Nachvollziehen der Techniken und Organisationsformen dieses großartigen Unternehmens namens Biosphäre, wenn wir wirklich davon profitieren wollen, eine neue Art des Denkens verlangt. Zumindest ein Denken, welches sich von dem unterscheidet, wie wir es in der Schule beigebracht bekommen. Zu diesem Schluß sind fast gleichzeitig eine Reihe anderer Naturwissenschaftler – wie der Biologe Joël des Rosnay vom Institut Pasteur in Paris, der Ökologe Edward Goldsmith in England, der Synergetiker Hermann Haken in Deutschland, der österreichische Biologe Rupert Riedl und einige andere – gekommen, aber auch eine Reihe von Wirtschaftlern. Ich denke an John Kenneth Galbraith in den USA oder an Hans Ulrich, Fredmund Malik und Gilbert Probst von der Wirtschaftshochschule St. Gallen. Ganz zu schweigen von einem wachsenden Kreis von Leuten aus allen

Berufsschichten, die plötzlich kapiert haben, um was es hier geht, nämlich um ein Denken in offenen komplexen Systemen, um ein neues Verständnis der Wirklichkeit, die sich eben nicht aus dem Wissen und der Forschung getrennter Fächer zusammensetzt, sondern als ein Gefüge fächerübergreifender Beziehungen zu verstehen ist.

Da aber jedes Ding erst durch diese Beziehung seine eigentliche Rolle zugewiesen bekommt und somit je nach der Gesamtkonstellation auf unterschiedliche Art reagieren kann, entwickelt sich ein solches System natürlich auch ganz anders, als es aus der bloßen Betrachtung der Einzeldinge erkennbar wäre. Damit ist neben dem neuen Denken auch eine neue Art des Planens notwendig geworden, eine neue Art der Entscheidungsfindung, wenn wir aus dem Hickhack der Kurzschlußhandlungen und Gewaltoperationen herauskommen wollen, die derzeit unser Handeln – auch das politische Handeln – beherrschen und sich allmählich in einem immer teureren Reparaturverhalten erschöpfen. Fast nichts funktioniert ja mehr in unserer Industriegesellschaft mit ihren verkorksten Organisationsformen. Und wenn, dann unter Erzeugung zusätzlicher Belastungen. Das einzige System, das noch treu und brav seine Arbeit tut – ohne dabei die Welt zu zerstören –, ist die Biosphäre, sind Blätter und Bäume, Vögel, Würmer und Gräser. Und ausgerechnet diese unerschütterlichen Helfer greifen wir laufend an, entziehen ihnen die Lebensgrundlage, vergiften und zerstören sie. Nicht zuletzt, weil wir keine Ahnung haben, wie dieses System funktioniert, weil wir es nicht für nötig befunden haben, uns seine Organisation einmal näher anzuschauen. Zu dieser völlig ungewohnten Aufgabe, den Ausgleich unserer Eingriffe nicht länger auf die natürlichen Ressourcen abzuwälzen, sondern ihn durch eine andere Wirtschaftsweise zu ermöglichen, kommt nun für viele noch ein tiefes Erschrecken hinzu, daß sich nämlich alles plötzlich ganz anderes entwickelt, als wir es voraussahen. Vieles, was früher unzusammenhängend nebeneinander lag, ist durch die zunehmende Dichte und Wechselwirkung mit der Umwelt zu einem System geworden, zu einem neuen Ganzen.

Und das bedeutet natürlich, daß dieses neue Ganze sich auch völlig anders verhält als seine Einzelteile: Brillant entwickelte Projekte enden im Kollaps, von den besten Experten abgesicherte Unternehmensstrategien schlagen fehl, und oft erreicht man mit bester Absicht genau das Gegenteil von dem, was man wollte. So geht es mit der Subvention mancher von Krisen bedrohter Branchen, mit dem Aufbau eines neuen Gewerbegebietes zur Konjunkturbelebung, mit neuen Verordnungen zum Schutz der Umwelt oder mit so manchem Entwicklungshilfeprogramm. Denn niemand sagte uns bisher, daß ein komplexes System mit ineinandergreifenden Wirkungen eigene Gesetzmäßigkeiten hat. Und erst recht nicht, daß dies ebenso grundlegende Naturgesetze sind wie etwa die Energiehaltungssätze, diejenigen der Schwerkraft oder der Mechanik.

Ich glaube daher, daß wir dringend zusätzliche Lehrmittel brauchen, wie ich sie mit den Ausstellungen ›Unsere Welt – ein vernetztes System‹ oder ›Mensch und Natur – gemeinsame Zukunft‹ (auf der IGA '83 in München) sicher noch unvollkommen ausgearbeitet habe. Denn unsere Welt gerät ja wohl in erster Linie deshalb aus den Fugen, weil wir sie nicht mehr richtig verstehen und weil wir glauben, sie weiterhin mit eingefahrenen Rezepten meistern zu können. Wir vergessen dabei, daß unser Gehirn zwei sich gegenseitig befruchtende Programme zur Verfügung hat. So gehen wir auf der einen Seite mit unserer anerzogenen Logik, unseren Schlüssen von Ursache und Wirkung sehr geradlinig und eindimensional vor. Damit konstruieren wir Maschinen und lösen wir Detailprobleme. Andererseits arbeiten aber andere Bereiche unseres Gehirns, etwa der Bereich der Intuition, der Gefühle, der Erfassung einer Situation, der Erkenntnis des Wesentlichen und auch der Erfassung der meisten visuellen Wahrnehmungen durchaus vernetzt, sozusagen in Bildern. Es sind dies ebenfalls Funktionen unseres Gehirns. Sie werden mit den gleichen grauen Zellen durchgeführt und sind ebenso verläßlich, wenn nicht manchmal verläßlicher als genaue Begriffsdefinitionen und logische Schlüsse, insbesondere dann, wenn es um das Erkennen von Systemen geht (vergleiche das Lincoln-Bild in Kapitel 26).

Obgleich nun gerade dieser intuitive Teil unserer geistigen Tätigkeit es ist, der zu den wichtigsten Entdeckungen führte und die größeren Zusammenhänge erkennt, wurde er im Laufe der Zeit immer stärker abgewertet, gilt er nichts in unserer akademischen Welt. Er ist quasi in ein Untergrunddasein geschlüpft, von dem er dann – nun allerdings weitgehend unkontrolliert durch die Logik – eher willkürlich auf das Geschehen einwirkt. Die Grundlage für dieses Dilemma, daß wir die Wirklichkeit zwar mit allen Partien unseres Gehirns aufnehmen, sie aber glauben, nur mit einem beschränkten Teil verstehen zu dürfen, liegt nicht zuletzt darin, wie Schulen und Universitäten die Welt präsentieren: als Sammelsurium getrennter Elemente und nicht als das, was sie ist, nämlich als ein großes vernetztes System.

Ein System, dessen Gesetzmäßigkeiten wir weitgehend ignorieren, dessen Wechselspiel wir nicht beachten, weil seine Behandlung die Fachdisziplinen überschreitet, und das deshalb in unseren Hörsälen und Forschungsstätten keinen Platz findet. Damit aber findet genau dort die Realität, wie sie ist, keinen Platz, und wir können immer weniger erwarten, daß aus jenen Hörsälen die Lösung kommen wird, mit der wir unsere Wirklichkeit meistern können.

Das, was den Fehlentscheidungen von Behörden, Planern, Politikern und Wirtschaftlern zugrundeliegt, ist also weder mangelnde Intelligenz des einzelnen noch Bösartigkeit, sondern wahrscheinlich hauptsächlich jenes durch die Art unserer Ausbildung vermittelte einseitige Verständnis der Wirklichkeit, das Fehlen von Grundkenntnissen der Systemgesetzmäßigkeiten, die die Befähigung geben würden, das Verhalten eines Systems und damit seine Überlebensfähigkeit zu beurteilen. Dies war dann einer der Gründe, vor nunmehr sechs Jahren die Wanderausstellung ›Unsere Welt – ein vernetztes System‹ zu konzipieren.

Die Entstehungsgeschichte ist für den Leser dieses Buches vielleicht von einigem Interesse: Im September 1976 lud mich Hans A. Pestalozzi, damals Leiter des Gottlieb-Duttweiler-Instituts, nach Zürich ein, um mir eine verrückte Idee vorzutragen. Er hatte kurz zuvor ein Exemplar unserer UNESCO-Studie ›Ballungsgebiete in der Krise‹, die jetzt in überarbeiteter Form auch als Taschenbuch vorliegt, von meinem Institut zugesandt bekommen und war von den darin aufgeführten Gedanken über die Eigenschaft von Systemen so angetan, daß er meinte, so etwas dürfe nicht nur in Worten und Abbildungen dargestellt werden, sondern, da es sich um einen wichtigen Lernvorgang handele – und damit nahm er mich natürlich im Hinblick auf meine lernbiologischen Untersuchungen beim Wort –, müsse man die wesentlichsten Informationen über Systeme auch anfassen können, mit ihnen spielen, sie groß vor Augen haben und an vielen Beispielen mit ihnen hantieren können. Kurz, man müsse so etwas wie eine Ausstellung daraus machen.

Ich war sofort begeistert, und aus dem verrückten Gedanken entwickelte sich ein verrücktes Projekt, das uns viele schlaflose Nächte kostete, aus finanziellen Gründen mehrmals zu scheitern drohte (aber auch gelegentlich aus technischen Gründen). Immerhin, zwei Jahre später war es geschafft: dank der Unterstützung durch die Hauptförderer, das Gottlieb-Duttweiler-Institut und die Stiftung Mittlere Technologie, denen sich dann eine Reihe weiterer aufgeschlossener Privatunternehmen zugesellte, während, wie das immer in solchen Fällen ist, die öffentlichen Institutionen und Ministerien natürlich erst einmal gekniffen haben – zumindest so lange, bis der Erfolg sicher war.

Nun, diese Ausstellung, von der ein Bericht und Fotos am Schluß des Buches einen Eindruck geben, ist von außen gesehen bunt, verspielt und kurios, und doch ist sie im Grunde ein ernst gemeintes Informations- und Erlebnisangebot zum Verständnis komplexer Systeme, welches sich mit zum Teil recht tiefgreifenden Problemen des Denkens und Handelns befaßt.

Mit dem biologischen Design dieser Ausstellung habe ich versucht, anders als in einem trockenen Schulbuch, Interesse, Neugier und spielerisches Erleben zu wecken. Ich sehe sie vor allem als ein Übungs- und Erkennungsfeld für vernetztes Denken, das mithelfen soll, die Dinge in ihren wirklichen Zusammenhängen zu sehen.

So besteht also die Wirklichkeit gewiß nicht aus unabhängigen Einzeldingen, deren Ursache und Wirkung für sich abläuft, sondern sie besteht aus Systemen. Und all diese Systeme sind Teile des Gesamtsystems unserer lebendigen Biosphäre, in die wir eine wachsende Zahl künstlicher Systeme hineingesetzt haben. So weit so gut. Die Problematik liegt jedoch darin, daß wir das in der Annahme taten, daß sich das Zusammenspiel wohl schon von alleine regeln würde. Wir haben uns nicht klargemacht, daß künstliche Systeme – die ja nicht organisch gewachsen sind, sondern sozusagen als fast geschlossene Maschinen konstruiert wurden – sich in ihrem inneren Aufbau und ihrer Kommunikation mit der Umwelt von den in ständigem Feedback mit dieser Umwelt sich regenerierenden biologischen Systemen grundsätzlich unterscheiden. Diesen Unterschied haben wir nicht beachtet und haben uns daher weder darum gekümmert, ob diese künstlichen Systeme selber den Gesetzmäßigkeiten des Überlebens gehorchen, noch ob sie mit den übrigen in einer funktionierenden Selbstregulation verbunden werden können. In diesem Buch stelle ich einige bekannte drastische Einzelbeispiele für eine unkybernetische, also unvernetzte Planung – meist von hochdotierten Experten geleistet – mit ihren unerwarteten Rückschlägen dar. Obwohl diese Rückschläge längst Anlaß geben sollten umzudenken, wird nur zu oft

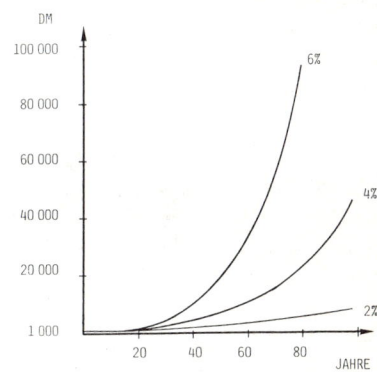

Kaum jemand berücksichtigt den exponentiellen Charakter einer noch so kleinen Wachstumsrate. Je kleiner sie ist, um so später merkt man es.

mit den gleichen Planungsmethoden und den gleichen Experten weitergearbeitet. Aber eben von solchen, wie sie unsere Ausbildung im großen und ganzen produziert. Nämlich von Experten über Einzelbereiche, jedoch nicht von solchen über das Systemverhalten, über das Wechselspiel zwischen den Bereichen. So können die schönsten Einzelprojekte, für sich perfekt geplant, sobald sie zusammenwirken, in ein Chaos führen.

Immer wieder findet sich also die Wirklichkeit, zerstückelt in Schubladen und Einzelkompetenzen, als eine Mischung verschiedener Teile wieder, und für deren Zusammenspiel ist niemand kompetent. Auf diese Weise hat sich unser Verständnis der Wirklichkeit in der Abstraktion einer akademischen Begriffswelt mehr und mehr verengt, was dann das sinnvolle Umgehen mit dem gespeicherten Wissen kaum noch möglich macht. Unser Gehirn wird zum Speicher theoretischer Formeln herabgewürdigt, die dann letztlich unser Handeln bestimmen. Wir reden von Maximierung, Optimierung, Toleranzgrenzen, Immissionswerten und Katastrophenwahrscheinlichkeiten und manipulieren dabei weiter an dem großen Systemkomplex unserer Umwelt herum, ohne ihn wirklich zu verstehen.

Eine Art zweite Aufklärung ist nötig. Eine Aufklärung, durch die wir auf einer neuen Bewußtseinsstufe uns selbst und unsere künstlichen Systeme endlich als untrennbare Glieder jenes großen Systems der Natur wiedererkennen können und die uns dazu befähigt, unsere Umwelt nach biologischen Gesetzmäßigkeiten zu gestalten.

Diese Dimension wollte ich in dieser Ausstellung ansprechen. Deshalb wurde sie nicht zu einer üblichen Umweltausstellung, die lediglich die Biosphäre und die Eingriffe in sie bewußt machte. Ich wollte mehr zeigen, wollte darauf hinweisen, daß mit zunehmender Menschendichte auf diesem Planeten und mit der damit zusammenhängenden zunehmenden Vernetzung all dessen, was diese Menschen tun, daß da selbst die bekannten Forderungen: mit unseren Rohstoffen sparsamer umzugehen, den Konsum nicht in schwindelnde Höhen zu treiben, unsere Gewässer, Landschaften und Tiere zu schützen – das eigentliche Problem nicht lösen werden. Wir brauchen mehr: Neben dem simplen Ursache-Wirkungs-Denken der Vergangenheit, das sich an getrennten Einzelproblemen orientiert, brauchen wir die Hinwendung zu einem stärkeren Denken in Mustern und dynamischen Strukturen, zu einem Verständnis komplexer Systeme und ihres Verhaltens. Ein Denken, nach dem wir auch handeln können.

Dieses vernetzte Denken, man könnte es auch kybernetisches Denken nennen, ist keinesfalls aufwendiger als das lineare Denken, ja oft weit rascher, weil bildhafter. Nur muß es natürlich geübt werden wie alles Neue, was wir lernen. Ein solches Denken von unseren Entscheidungsträgern zu fordern kann, wie jeder weiß, erst dann wirklich Erfolg haben, wenn es bereits in das Bewußtsein jeden Bürgers einzudringen beginnt.

Da die offizielle Ausbildung hier noch weitgehend versagt, ist dieser Lernprozeß wohl eines der wesentlichen Anliegen der Erwachsenenbildung wie auch der Pädagogenausbildung. Und genau aus diesem notwendigen Anliegen heraus wurden die Ausstellung und dieses Buch konzipiert; wie gesagt: als ein Vorhaben, das der Öffentlichkeit ein Übungs- und Erkenntnisfeld für eine neue Art zu denken bieten soll. In meinem Buch ›Neuland des

Denkens‹, das den Untertitel ›Vom technokratischen zum kybernetischen Zeitalter‹ trägt, wurden diese Gedanken dann noch weiter vertieft und mit hunderten von Beispielen belegt. Die Form, mit der ich diese Aufgabe für das Medium Ausstellung zu lösen versuche – auch neuerdings noch einmal mit der Ausstellung im Pavillon des Bayerischen Umweltministeriums auf der Internationalen Gartenbauausstellung (IGA '83) in München –, ist gewiß nur eine von mehreren möglichen. Sie ist ein erster Vorstoß, der sicher noch an manchen Stellen verbesserungswürdig ist.

Das Thema der Wanderausstellung ›Unsere Welt – ein vernetztes System‹ wurde in 8 Gruppen gegliedert, die sich in den 8 Teilen dieses Taschenbuchs widerspiegeln. Eine Ausnahme bildeten dabei die Basisthemen: Was ein System ist und was Vernetzung bedeutet – zwei Fragen, die sich mit den Exponaten der Gruppe 1 und 2 mehrfach durch die ganze Ausstellung ziehen und immer wieder in anderer Form auf irgendeiner Wand auftauchen, sozusagen als Gast der jeweiligen Themengruppe. So gibt es eine blaue Gruppe, die zeigt, wie die Dinge in einem System aufeinanderwirken. In einer roten Gruppe spielt dann schon der Mensch mit: Man erfährt, was es heißt, wenn man Zusammenhänge mißachtet und in der gelben, wie man Zusammenhänge verstehen lernt. Die orangene Gruppe zeigt, wie man Systeme durch Eingriffe kaputtmacht und die olivgrüne, wie sich umgekehrt Systeme durch Selbststeuerung nutzen lassen. Die braune Gruppe schließlich zeigt uns selbst, unseren Organismus, als Teil des Ganzen. Auch die Buchkapitel sind in diese Gruppen eingeteilt. Auf der Ausstellung gibt es dann noch zusätzlich eine Ecke, in der ein »Endlos-Kintopp« läuft, mit einigen Kurzfilmen meines Instituts aus verschiedenen Teilen dieser Themengruppen. Denn gerade in einer Ausstellung ist man froh, wenn man sich zwischendurch mal hinsetzen kann.

Neben vielen Originalfotos aus unserer Dokumentation – wir durchsiebten rund 15000 Aufnahmen – habe ich großen Wert auf eine unmittelbare Betätigung an den Modellen gelegt. Deshalb wurde viel Mechanik und Elektronik verwendet. Doch auch diese eingebettet in ein biologisches Design, aufgelockert mit weichen Formen, Bogendurchgängen und Stoffdächern. Wir verwendeten farbig gebeiztes Holz statt der üblichen Aluminiumwände, um auch über diesen Kanal noch einmal eine Resonanz mit unserer eigenen biologischen Natur zu erzeugen. Und wie das bei vernetzten Systemen so üblich ist, gibt es natürlich auch bei dieser Ausstellung keinen Anfang und kein Ende. Die Exponate sind zwar numeriert, damit man sie im Katalog findet, aber man kann im Grunde bei jeder Farbgruppe in die Ausstellung einsteigen – zumal, wie gesagt, die Grundfrage »Was ist ein System« überall angesprochen ist. Soweit ein kleiner Überblick.

Planung und Durchführung dieser Ausstellung waren natürlich bereits selber ein äußerst vernetzter kybernetischer Prozeß. Und sie war auch nur dadurch zustandezubringen, daß alle Beteiligten, angefangen von den Mitarbeitern meiner Studiengruppe bis zu den Sponsoren dieser Ausstellung, die fast ausschließlich aus der Privatindustrie kommen (von IBM, Siemens, Bosch, BMW, Messerschmidt-Bölkow, aber auch von Sponsoren wie der Gesellschaft für Baukybernetik oder dem Marketing Management Institut), vielleicht gerade wegen der so unbequemen Wahrheiten, die hier gesagt werden, einen entsprechenden Lernprozeß in Richtung vernetztes Denken hinter sich hatten oder noch durchmachten.

Inzwischen glaube ich sagen zu dürfen, daß es sich gelohnt hat, gerade das Medium Ausstellung für diese Hinwendung zu einem Denken in größeren Zusammenhängen einzusetzen. Denn das bisherige Echo nach über 5-jähriger Wanderung, über das Christian Bachmann im Anhang dieses Buches berichtet und das sich in den vielen Anfragen für eine Übernahme der Ausstellung, auch aus dem Ausland, widerspiegelt, läßt mich mit einiger Berechtigung hoffen, daß der Akzent, den wir mit dieser Ausstellung setzten, mehr und mehr seine Früchte trägt.

Ähnlich wie in der Ausstellung wird auch in diesem Buch versucht, mit der Methode der Beispiele, der Gleichnisse, der Analogien, mit einfachen Bildern, die uns an Erlebtes erinnern können, mit kleinen Experimenten, die man selber durchführen kann, zu arbeiten – als eine Art von Erlebnisprogramm (anstelle eines Lernprogramms), das für die Entwicklung der Ausstellungsmodelle zustande gekommen ist und auch wiederum von der Arbeit mit diesen Modellen befruchtet wurde. Wenn man so will, liegt also diesem Buch ein durchgehendes Experiment zugrunde. Meine Hoffnung ist, daß dadurch die Dinge besonders greifbar werden und jeder merkt, daß »Systemkunde« kein abstraktes Fach ist, sondern mit uns und unserem Körper und unserem täglichen Umgang mit der Wirklichkeit zu tun hat.

Vielleicht hilft uns diese Erkenntnis, den Prozeß der eingetretenen Entfremdung von der Wirklichkeit durch ein allzu forciertes Expertentum, einen allzu abstrahierten Unterricht und eine theoretische Betrachtensweise allmählich wieder rückgängig zu machen. Vielleicht überzeugt sie sogar einige Experten und in ihrem Elfenbeinturm sitzende Theoretiker, ihre eigene Weltfremdheit etwas aufzubrechen und damit ihr oft bewundernswertes Wissen und Können nicht nur in den eigenen Kreisen rotieren zu lassen, sondern es wieder mehr für das vernetzte System unserer Welt nutzbar zu machen.

Für seine wertvolle Mithilfe bei der Überarbeitung für die Taschenbuchausgabe bin ich insbesondere Dr. med. Georg Snajberk sehr verbunden.

Frederic Vester

Teil 1

Was ist ein System?

In diesem ersten Themenbereich wird der Leser an die Tatsache herangeführt, daß komplexe Systeme grundsätzlich etwas anderes sind als ein bloßes Nebeneinander unzusammenhängender Teile. Denn jedes Glied eines Systems steht mit jedem anderen in Wechselwirkung. Man wird, ohne diese Beziehung zu erkennen, das System nicht verstehen, geschweige denn gestalten können.

Die Grundphänomene und Gesetze vernetzter Systeme, die von den kleinsten Mikrodimensionen bis hinauf in den Kosmos immer wiederkehren, kann man hier von den unterschiedlichsten Seiten kennenlernen.

1. System oder Nicht-System?
Elemente und Strukturen

In der lebendigen Welt ist die Frage »System oder nicht System« fast gleichbedeutend mit »Sein oder Nichtsein«. Über das, was ein System ist, existieren im allgemeinen die unterschiedlichsten Vorstellungen.

Ein Haufen Sand ist kein System. Man kann Teile davon vertauschen, kann eine Handvoll wegnehmen oder hinzutun, es bleibt immer ein Haufen Sand. Mit einem System ist dies nicht möglich, ohne daß es seine Individualität ändert oder gar zugrunde geht.

Eine Blume ist ein solches System. Denn die wichtigste Eigenschaft eines Systems ist, daß es aus mehreren verschiedenen Teilen besteht. Das ist jedoch bei vielen Dingen der Fall.

Zum Beispiel bei einer Schüssel Müsli. Dennoch ist ein Müsli wieder kein System, denn es fehlt Struktur und Ordnung, von der Organisation ganz zu schweigen.

Die zweite wichtige Eigenschaft eines Systems ist also, daß seine Teile nicht wahllos nebeneinanderliegen, sondern zu einem bestimmten Aufbau vernetzt sind. Dadurch verhält sich ein System völlig anders als seine Teile. Es wird zu einem neuen Ganzen.

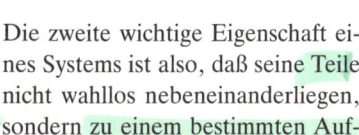

17

Eine Fabrik ist ein System. Obgleich sie ein künstliches und kein biologisches System ist, unterliegt sie den gleichen Gesetzen von Organisation, Wandelbarkeit und Stabilität.

Eine Müllkippe ist kein System. Denn man kann sie auseinandernehmen, vergrößern oder umverteilen, es bleibt eine Müllkippe. Ihr fehlt die innere vernetzte Struktur.

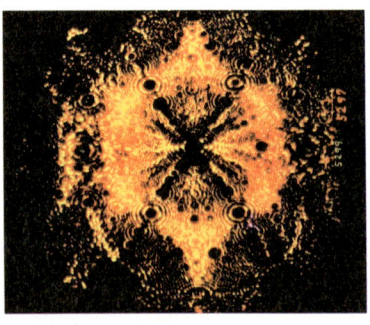

Ein Atom ist ein System. Sogar ein sich selbst erhaltendes dynamisches System. In ihm sind die Elementarteilchen nicht zufällig zusammengewürfelt, sondern zu einem geordneten Wirkungsgefüge organisiert.

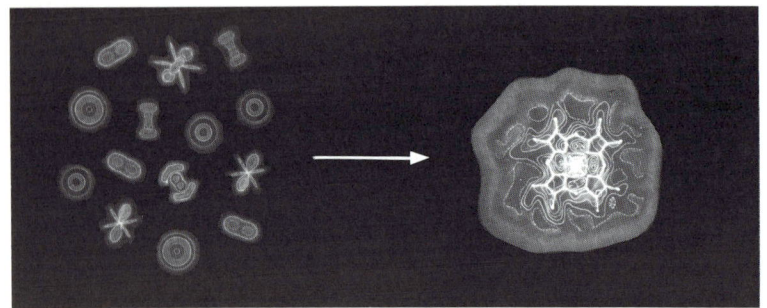

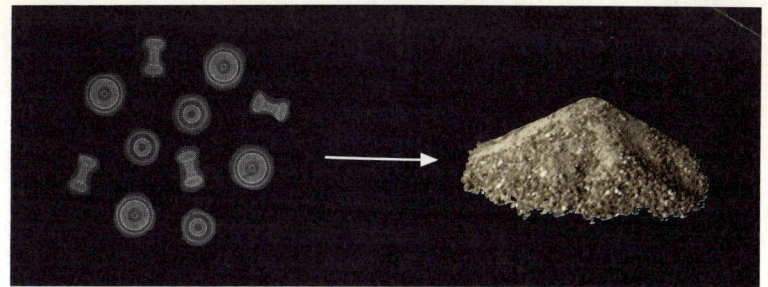

Wenn mehrere vorher getrennte Systeme in enge Beziehung treten, kann daraus ein neues, übergeordnetes System entstehen. Aus Atomen entsteht so zum Beispiel ein Molekül, aus Zellen ein Organ, aus Tieren, Pflanzen und Mikroben ein Ökosystem.

Dies muß aber nicht so sein. So sind die einzelnen Moleküle eines Sandhaufens, jedes für sich gesehen, ein System. Zusammengenommen sind sie jedoch wieder nichts anderes als ein Haufen Sand ohne jede Organisation.

Wenn viele kleine Systeme zusammenkommen, können sie entweder ein bloßes Nebeneinander, eine »Menge«, bilden oder aber auch ein neues größeres System; in den Beispielen der Bienen und Hühner ein soziales System.

Wenn etwas zum System geworden ist, verhält es sich jedoch völlig anders als vorher seine Teile, es bekommt gänzlich neue Eigenschaften.

Denn ein System ist immer ein *Ganzes* und das Ganze ist *mehr* als die Summe seiner Teile. Das »Mehr« ist

Was ist ein System?

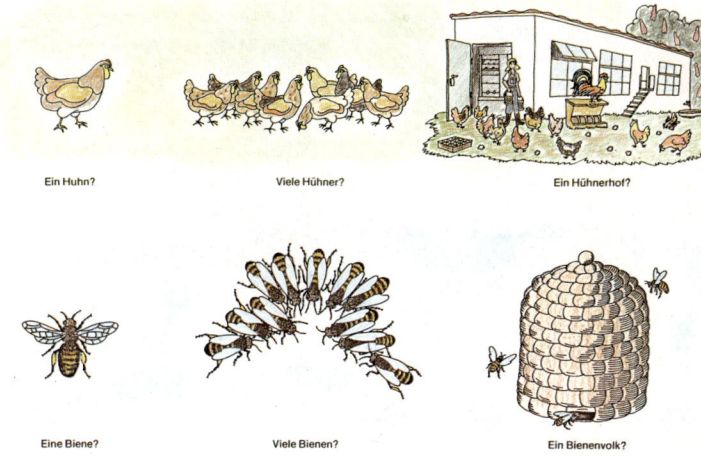

Ein Huhn? Viele Hühner? Ein Hühnerhof?

Eine Biene? Viele Bienen? Ein Bienenvolk?

die Struktur, die Organisation, das Netz der Wechselwirkungen. Außerdem kennen wir zwei Sorten von Systemen: statische und dynamische. Die *statischen,* starren Systeme sind immer von Menschen erdachte theoretische Systeme: Dokumentationssysteme, Klassifizierungssysteme, Ordnungssysteme, mathematische Systeme usw. Die Systeme der Realität, aus denen unsere Welt besteht, sind die dynamischen.

Dynamische Systeme tragen sozusagen das Programm zu ihrer eigenen Veränderung in sich. Sie sind eine

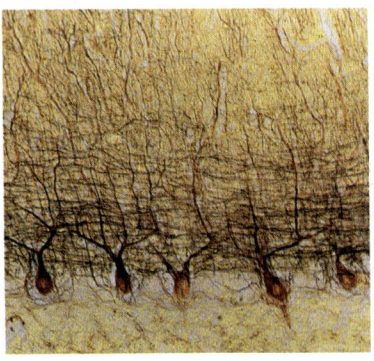

Purkinje-Zellen des Kleinhirns mit ihren Verzweigungen (400:1).

Gesamtheit verschiedener Einheiten in Wechselwirkung, ein Wirkungsgefüge. Damit bekommt ein solches System den Charakter einer lebendigen Individualität, die durch

innere und äußere Kommunikation, durch einen Informationsfluß zu einer dynamischen Struktur organisiert ist.

Es gibt vorübergehende Systeme, die künstlich entstanden sind und künstlich erhalten werden . . .

. . . und es gibt dauerhafte Systeme, die organisch entstanden sind und sich ohne künstliche Eingriffe selbst erhalten.

2. Die große Vernetzung
   Organisierte Gefüge

Vielfach haftet dem Systembegriff der Geruch der grauen Theorie an. Das »Starre«, das »Systematische« dieses Wortes stammt in der Tat aus erdachten Bildern, aus der Abstraktion. Dieses Kapitel soll zeigen, daß die Systeme der Wirklichkeit tatsächlich etwas höchst Lebendiges, Dynamisches sind; daß sie zudem, wie alles Fließende, niemals abgeschlossene Einheiten, sondern mit Unter- und Obersystemen zu einem schillernden Wirkungsgefüge verflochten sind, dessen intelligente Organisation das eigentlich Geheimnisvolle der großen Vernetzung ist.

Unsere Welt – ein vernetztes System! Vernetzt womit?

... mit der Sonne

... mit kleinen Raupen

... mit Wäldern und Pflanzen

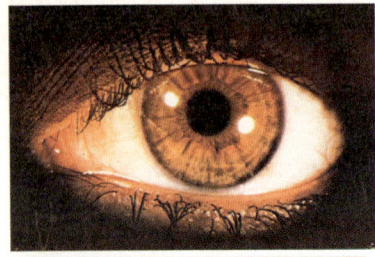

. . . mit unserer Seele

. . . mit Häusern und Städten

. . . und

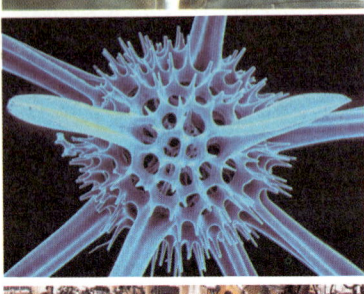

. . . und

. . . und

Es gibt keine abgeschlossenen Systeme: In der Realität sind alle Systeme offen – mit anderen vernetzt. Geschlossene Systeme gibt es nur in der Theorie (weil sich mit ihnen so bequem rechnen läßt). Ein System, das lebt, ist immer *dynamisch*, immer fließend. Doch nicht alle dyna-

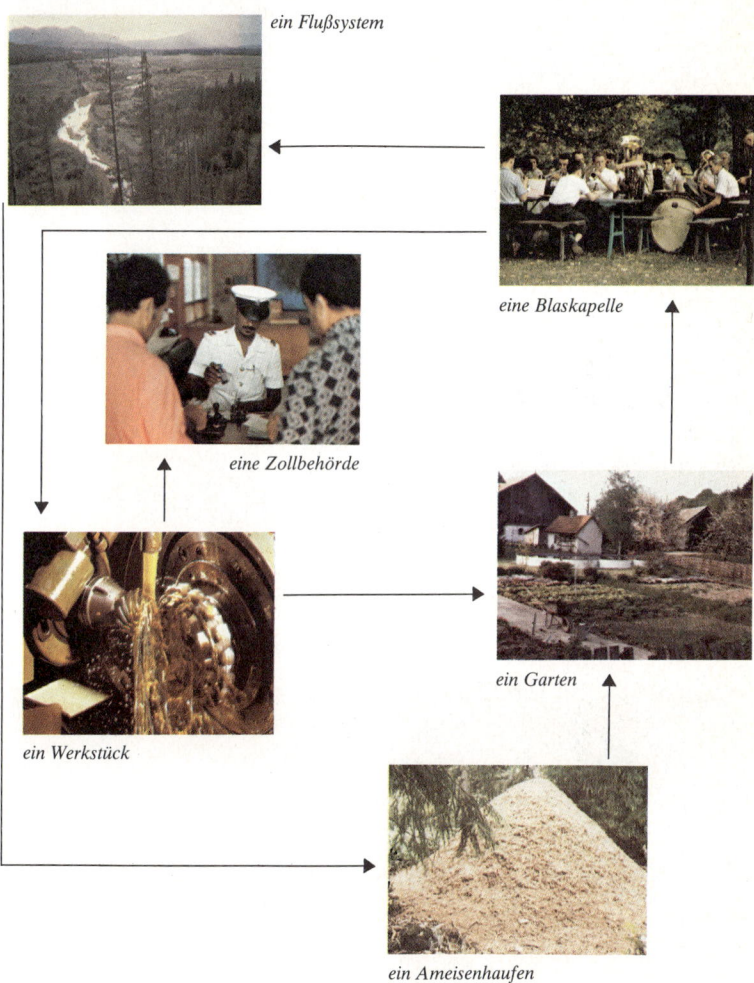

ein Flußsystem

eine Blaskapelle

eine Zollbehörde

ein Garten

ein Werkstück

ein Ameisenhaufen

Es gibt keine abgeschlossenen Systeme. In der Realität sind alle Systeme offen – mit anderen vernetzt.

mischen Systeme leben! *Statisch* sind dagegen nur theoretische Systeme. Die wirklichen sind immer im Fließgleichgewicht mit der übrigen Welt. Aus ihnen strömt etwas heraus, in sie strömt etwas hinein. Deshalb sind dynamische Systeme auch immer offen.

Jedes System besteht wieder aus Teilsystemen – und jedes System ist Teil eines größeren: etwa ein Anwesen in einer Dorfgemeinschaft, wie

es das Bild zeigt. Ebenso eine Fabrik in einem Ballungsraum, eine Zeitungsredaktion in einem Verlag, das Verkehrssystem in einer Stadt, der einzelne Mensch in der Familie, eine Mücke an einem Teich.

Sie alle sind Systeme – aber auch Teile von übergeordneten Systemen, mit denen sie verbunden sind. Wenn wir nicht erkennen, daß etwas ein System ist, und wenn wir es so behandeln wie einzelne Teile, erleben wir meist die bösesten Überraschungen.

Meist sieht man nur die einzelnen Elemente eines Systems, aber nicht die Wirkungen zwischen ihnen, die

jedoch sehr wesentlich sind. Ohne sie zu kennen, versteht man auch nicht das System!

Wirklich einfache Systeme gibt es immer nur in unserer Vorstellung:

in Theorien und auf Landkarten. In der äußeren Wirklichkeit, in der Praxis, im Gelände, gibt es nur komplexe Systeme.

Ein gigantisches Supersystem ist die *Biosphäre:* Ein fluktuierendes System gewaltigen Ausmaßes mit einem Jahresumsatz von 200 Milliarden Tonnen Kohlenstoff und organischem Material, von 100 Milliarden Tonnen Sauerstoff. Ein System, das selbst an Schwer- und Leichtmetallen wie Eisen, Vanadium und Kobalt, Magnesium, Natrium und Kalium Jahr für Jahr zusammengenommen viele Milliarden Tonnen verarbeitet.

Ein System, das diesen gewaltigen Energie- und Stoffumsatz mit einem traumhaften Wirkungsgrad von bis zu 98 Prozent betreibt (Benzinmo-

tor: 13 Prozent!), das weder Energie- noch Abfallsorgen kennt und eine Kombination elegantester Technologien darstellt.

Kein Wunder, denn es hatte viele tausend Mal mehr Zeit als wir zur Verfügung, um all dies über Versuch und Irrtum zu vollendeter Reife zu entwickeln. Und doch ein Wunder – denn all dies geschieht mit Algen, Plankton, Bakterien, verletzlichen Tierchen und zarten Pflänzchen, die letztlich doch stabiler sind als alle unsere künstlichen Systeme. Warum? Ihre Organisation entspricht den Gesetzen überlebensfähiger Systeme. Der Hauptgrund, warum diese »Firma« seit vier Milliarden Jahren nicht Pleite gemacht hat.

Der Planet Erde, auf dem die Biosphäre gedeiht, ist eine Kugel mit 1400 Billiarden Tonnen Meerwasser – darin 15 Billiarden Tonnen

gelöster Stoffe; mit 250 Milliarden Kubikmetern jährlichem Süßwasserniederschlag über dem Land; mit 1180 Billionen Tonnen Luftsauerstoff; mit 4200 Milliarden Megawattstunden täglichem Energieeinstrom; mit 100 Milliarden Tonnen Erdölreserven; mit 2,5 Millio-

26

nen Tonnen Uranreserven; mit 1 200 000 Tierarten, 500 000 Pflanzenarten, 4 000 Mikrobenarten und 90 Millionen Quadratkilometern bewohnbarer Fläche.

Eine Kugel, die irgendwo durch das Weltall fliegt und bis auf die jährliche Sonneneinstrahlung mit dem auskommen muß, was auf ihr ist. Weshalb sich die Dinge auf ihr in einem Fließgleichgewicht halten müssen. Aber die Erde ist auch eine Kugel mit über 4 Milliarden Menschen, die sich allein in den letzten hundert Jahren versechsfacht, ihren Rohstoffverbrauch verzehnfacht, ihren Abfall verzwölffacht und ihren Energieverbrauch verzwanzigfacht haben. Im Jahr 2000 werden es sieben Milliarden sein. Ihre Ansprüche mögen mitwachsen, aber sie werden nie erfüllt werden können.

Wenn wir das nächste Mal von Wachstum hören, so sollten wir daran denken: *Wir haben nur diesen einen Planeten, und der wächst nicht mit.*

3. Die Welt im Finger
Verschachtelte Systeme

Natürliche Systeme existieren nie für sich allein, sondern sie durchdringen sich gegenseitig. An einer Bildreihe mit immer stärker vergrößerten Ausschnitten aus einem menschlichen Finger, erfährt man, wie quer durch alle Größendimensionen hindurch eine Fülle eng miteinander verschachtelter Systeme wirksam ist. Obwohl im Detail ein kompliziertes Supersystem, ist der Finger als Ganzes doch wieder einfach zu begreifen – auch ohne die gesamte Biochemie seiner Zellen und die wieder darin befindlichen Einzelsysteme zu kennen. Doch aufgrund dieser ineinander verflochtenen Einzelsysteme können wir unserem Finger befehlen zu winken, auf etwas zu zeigen oder auf einer Gitarre ein virtuoses Stück zu spielen.

nehmungen und Zehntausende von chemischen Reaktionen durchgeführt werden. Nur der winzigste Teil seiner Tätigkeit ist uns bewußt. Hier ein Steckbrief seiner wichtigsten Elemente:

Was ist ein Finger? Nun, halt ein Finger. Ein bißchen Haut, Muskeln und Knochen. Ein Teil der Hand und gleichzeitig ein gigantisches Supersystem ineinander verschachtelter Welten.

Er ist ein hochkomplexes System. Ein Instrument der Sinne und der Bewegung. Mit Billionen von Einzelelementen. Mit einem rasanten Materie-, Energie- und Informationsverkehr, bei dem in jeder Sekunde – auch in Ruhestellung – allein 500 einzelne Bewegungskorrekturen, über 1000 Sinneswahr-

 Steckbrief

28	Muskelgruppen
43	verschiedene Sehnen und Bänder
4	Sehnenscheiden
3	Knochen
250	Kälterezeptoren
17	Wärmerezeptoren
850	Schmerzrezeptoren für Oberflächenschmerz
441	Schmerzrezeptoren für Tiefenschmerz
1233	Druckrezeptoren
471	Berührungsrezeptoren
284	Vibrationsrezeptoren
744	Rezeptoren für die Stellung der Gelenke
2677	Schweißdrüsen
901	Talgdrüsen
4600	cm arterielle Gefäße
2300	cm venöse Gefäße
1250	cm Lymphgefäße
1040	cm Nerven und
1,5	Milliarden Zellen.

Diese Elemente arbeiten alle Tag und Nacht zusammen, um den Finger zu dem zu machen, was er ist: zu einem der subtilsten und feinfühligsten Bewegungsorgane. Ein Organ, das nicht nur sein Eigenleben aufrechterhält, sondern auch in der Lage ist, innerhalb von Millisekunden auf die Bedürfnisse des Organismus zu reagieren, ja, das sich bei Verletzungen durch den Mechanismus der Wundheilung noch selber verarzten und regenerieren kann.

15 Millionen der eng aneinanderlie-

Fingerabdruck (3:1). Die Fingerrillen sind uns nur als individuelles Erkennungsmuster bekannt – doch jede Pore ist bereits eine Welt für sich.

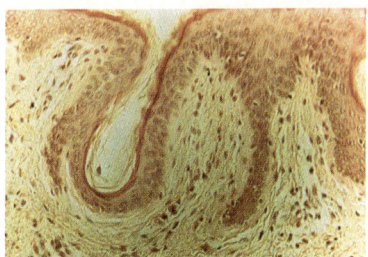

Schweißpore (200:1) mit Zellenschichten verschiedener Funktion.

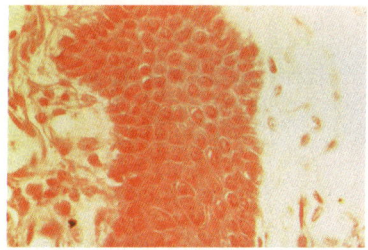

Hautgewebe (500:1).

 Steckbrief: Zelle

	Der Zellkern. Enthält das Chromosomenmaterial. Steuerzentrale für alles Geschehn in der Zelle. Sitz des genetischen Programms.
2	Zentrosomen. Steuerzentrale für die Zellteilung.
541	Mitochondrien. Jedes ein komplettes Kraftwerk.
3.800.000	Ribosomen. Winzige Knüpfmaschinen, die am Fließband pro Sekunde 5000 Proteine herstellen.
1.300.000	Enzyme. Die »Manager« des Zellbetriebs. Zuständig für das reibungslose Ineinandergreifen aller Zellfunktionen.
	Das endoplasmatische Reticulum. Ein weitverzweigtes Röhren- und Kanalsystem für den Stofftransport.
128	Lysosomen. Kleine Bläschen, zuständig für die Abfallbeseitigung.
	Die Zellmembran. Schleuse, Schutzhülle, Erkennungsdienst für alle ein- und austretenden Stoffe, Befehlsempfänger für Informationen aus der nächsten Umgebung oder aus dem Zentralnervensystem.

genden Zellen bilden die Haut des Fingers. Über Zellbrücken stehen sie untereinander in engem Stoff- und Informationsaustausch. Sie sind das äußere Schutzsystem des Fingers und können ihre Zahl, ihre Dicke und die Höhe der Hornschicht den laufenden Erfordernis-

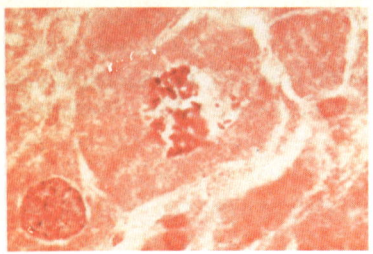

Einzelne Zellen (5000:1).

Das Innere eines Chromosoms (500000:1).

sen anpassen. Außerdem sind sie in der Lage, kleine Defekte und Wunden zu erkennen und selbständig zu reparieren.

Die Zelle ist das ausgeklügeltste aller Untersysteme des Fingers. Insgesamt gibt es in einem Finger 1,5 Milliarden Zellen in über 100 verschiedenen Typen.

Der Chromosomensatz enthält – auch in jeder Fingerzelle – das kom-

Das unten abgebildete Stück der DNA-Spirale zeigt einen Genabschnitt, der die Codeworte für die Anfügung von 3 Aminosäuremolekülen an eine Eiweißkette enthält. In diesem Maßstab (20 Millio-

Genabschnitt (20000000:1). Ein Stück der DNA-Spirale.

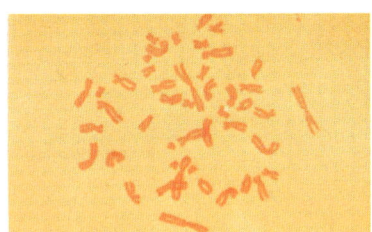

Chromosomensatz (10000:1).

plette genetische Programm eines Menschen. Und jedes einzelne Chromosom ist wieder eine winzige Bibliothek mit Tausenden von »Informationsschnüren«.

Im Inneren eines Chromosoms besteht jeder Strang aus 16 umeinander verdrillten und in Eiweiß verpackten Nukleinsäurefäden – der berühmten DNA.

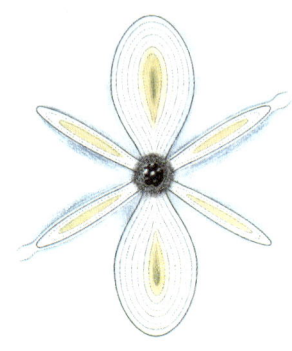

Das Schwingungsfeld eines Atoms (3 Milliarden:1)

30

nen : 1) würde der dazugehörige Mensch von der Erde bis zum Mond reichen!

Das Schwingungsbild eines der 850 Atome, wie sie der Genabschnitt enthält, ist wieder ein komplexes System – eine Welt aus Schwingungen, Energiemustern und Rhythmen, zusammengehalten durch eine Unzahl von Beziehungen in einem noch weitgehend rätselhaften Kräftespiel.

Schon ein simpler Finger ist also bereits ein hochkomplexes System, und beim Einstieg in seine Mikrodimensionen eröffnet sich eine neue Welt nach der anderen. Sie alle sind Untersysteme, so wie auch der Finger ein Untersystem der Hand, diese des Menschen und dieser wieder ein Subsystem der Biosphäre ist. Obwohl durch und durch kompliziert, ist der Finger als Ganzes wieder einfach zu verstehen: Wenn er zeigt oder winkt, wenn er schreibt oder malt oder wenn er Gitarre spielt . . .

Die Finger in Aktion.

4. Der falsche Fisch
   Beurteilung von Teilen durch das Ganze

Die Beurteilung von Systemteilen kann zu schwerwiegenden Irrtümern führen, wenn man die Zusammenhänge nicht sieht. Am Ausschnitt eines hier gezeigten Bildes von M. C. Escher zeigt sich, daß man diesen Ausschnitt, sobald man ihn im Zusammenhang des ganzen Bildes sieht, ganz anders beurteilt.

So geht es mit vielen »falschen Fischen« in dieser Welt. Sie stören den Zusammenklang, den Ablauf wichtiger Funktionen oder die Selbstregulation in lebenden Systemen, obgleich sie – für sich gesehen – durchaus akzeptabel und sogar schön sein mögen.

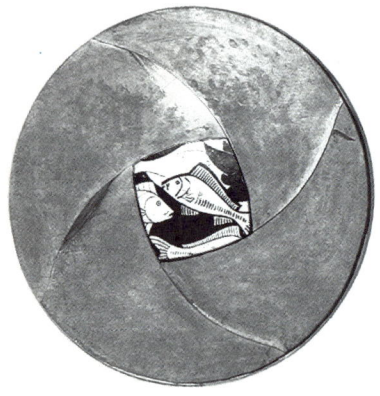

*Auf dem hier abgebildeten »Denkbild«
des niederländischen Grafikers M. C.
Escher wurde der Fisch in der Blende
verkehrt herum eingesetzt. Daß er
»falsch« ist, stellt sich erst im Gesamtzusammenhang heraus: Erst wenn der
Blick das Ganze erfaßt, versteht man die
Details.*

Onkel Herberts Pokal ist wunderschön – aber er paßt nicht in unser Wohnzimmer.

Ein falsches Zahnrad in einer Maschine – und sie funktioniert nicht mehr.

Ein schickes Hochhaus. Doch hier stört es die Landschaft, den Verkehr, die Aussicht und das Wohlbefinden.

Auch unsere Welt ist eine – wenn auch weiche – »Maschine«. In ihr gibt es viele solcher falschen Fische, die die Funktion des Ganzen stören. – Und es werden immer mehr!
Steigt das Inlandseinkommen in einem Entwicklungsland, so erhöht sich meist rapide seine Einfuhr. Doch die Freude über die anrollenden Güter schlägt leicht ins Gegenteil um: Denn hat man die nötige Infrastruktur (Häfen, Verlademöglichkeiten, Transportwege) vergessen, so bleiben die Schiffe – oft mit verderblichen Gütern – monatelang vor der Küste liegen. Millionenverluste, Nachschub und Weitertransport brechen zusammen. So geschehen im Iran, in Lagos oder – wie auf diesem Foto – in Caracas.

Wer nur die Einzeldinge betrachtet und seinen Horizont nicht auf das Ganze erweitert, der wird den »falschen Fisch« nie erkennen und sich wundern, warum seine großartige Maschine, sein gut organisiertes Unternehmen, seine geniale Erfindung, seine zielgerichtete Wirtschaftspolitik nicht das bringen,

nicht so funktionieren, wie man es erwartet. Ja, warum sie irgendwann sogar zusammenbrechen.

So führen strukturpolitische Eingriffe – auch in Industrieländern – sehr oft zu falschen Fischen:

Eine chemische Fabrik wird – weil dort steuerlich begünstigt – in eine Landschaft gesetzt, ohne daß die Gesamtstruktur des Gebietes bedacht wurde. Die Folgen können unter anderem sein:

durch Umweltbelastung: Wasser- und Luftverschmutzung, Abfälle, Lärm und Streß, Anbauschäden und Insektenbefall durch Wegzug von Vogelarten.

Weiterhin: hohe Folgekosten durch Straßenbau, Müllbeseitigung, Klärwerke, Lärmschutz usw.

Zerstörung einer Kultur- und Erholungslandschaft, Rückgang des Fremdenverkehrs, Wegfall der Naherholung für die Einheimischen, Anstieg der Lebenshaltungskosten, Auftreten hoher externer Kosten

Das sind alles neue finanzielle Belastungen, die die steuerlichen Mehreinnahmen weit übersteigen können und die Verschuldung vieler Gemeinden in schwindelnde Höhen treiben – ganz zu schweigen von der steigenden Außenabhängigkeit über Ölpreise, Rohstoffimporte, Pendler und Versorgung.

Viele »falsche Fische« entstehen auch durch eine unreflektierte Energiepolitik:

Durch ein Überangebot an Energie werden energieintensive Technologien und Anbautechniken und damit Fabriken und Landwirtschaftsbetriebe mit überproportionalem Energieverbrauch begünstigt (vergleiche die Kapitel 13 und 21). Doch solche bieten nicht nur weniger Arbeitsplätze als andere, sondern sind auch äußerst anfällig gegenüber der jeweiligen Rohstoff- und Energielage. Sie machen die Wirtschaft der betreffenden Region labiler und schaden damit letztlich auch dem eigenen Interesse.

So sind viele Dinge in unserer Welt für sich gesehen in Ordnung. Doch im Zusammenhang sind sie ein »falscher Fisch«. Denn da auch sie mit vielem anderen vernetzt sind, blokkieren sie oft das Ganze – und damit auch wieder sich selbst.

Teil 2

Wie wirken die Dinge aufeinander?

Kennt man die Vernetzungen eines Systems, so ist noch nicht alles gewonnen. Denn entscheidend ist nicht nur, was mit wem verbunden ist, sondern auch, wie es damit verbunden ist, also die Kenntnis der Wechselwirkungen zwischen den Teilen.

In der Tat wirken die Teile eines Systems sehr unterschiedlich aufeinander. Nicht nur positiv oder negativ, stark oder schwach, sondern eine Beziehung kann auch je nach ihrer Dauer und Stärke sogar ihren Charakter ändern, vom Helfen zum Zerstören umschlagen oder gänzlich neue Resultate liefern. Damit hat jede Wirkung zwischen zwei Systemteilen ihre eigene Dynamik, die sich in mathematischen Funktionen ausdrücken läßt.

Einige typische Beziehungen sind in den folgenden Kapiteln jeweils auf dreierlei Arten dargestellt:

– in einem einfachen, meist experimentellen Beispiel,
– in der dazugehörigen mathematischen Funktion,
– an Hand eines oder mehrerer Beispiele aus der Umwelt.

5. Gewichtfahren
Lineare Beziehungen

Lineare Beziehungen haben wir, wenn sich eine Wirkung im gleichen Maße verändert wie ihre Ursache. Dies wurde in der Ausstellung am Modell eines Fachwerkhauses demonstriert: Ein Aufzug hängt an einem Flaschenzug, der über einen Federhebel mit einer Druckplatte in Verbindung steht. Die Veränderung des Drucks je nach der Zahl der auf die Platte gestellten Gewichte wird linear übertragen und durch die Anzahl der Stockwerke veranschaulicht, die der Aufzug nach oben fährt.

Die meisten Beziehungen in einem komplexen System – und damit in der Wirklichkeit – sind jedoch nicht linear. Und wenn sie es sind, wie etwa im Fall einer Federwaage, dann nur innerhalb bestimmter Grenzwerte: Hängen wir ein Gewicht an eine Feder, so zieht es dieselbe auf eine bestimmte Länge. Ein doppelt so großes Gewicht zieht sie doppelt so weit nach unten, ein dreifaches Gewicht dreimal so weit. Dies funktioniert natürlich nur innerhalb des elastischen Bereichs der Feder. (Über Grenz- und Schwellenwerte siehe Kapitel 8.)

Was ist eine lineare Beziehung? Bei linearen Beziehungen verändert sich die Wirkung in gleichem Maße wie die Ursache. In unserem Fachwerkhaus fährt der Aufzug genauso viele Stockwerke hoch, wie man Gewichte aufgelegt hat. Die Hebelverbindung zwischen Druckplatte und Aufzugsfeder sorgt für eine lineare Beziehung zwischen dem aufgestellten Gewicht und der Höhe des Aufzugs. Trägt man die Werte gegeneinander auf, so ergibt sich eine gerade Linie. Ob diese Gerade

Ausschnitt aus dem Ausstellungsexponat »Gewichtfahren«.

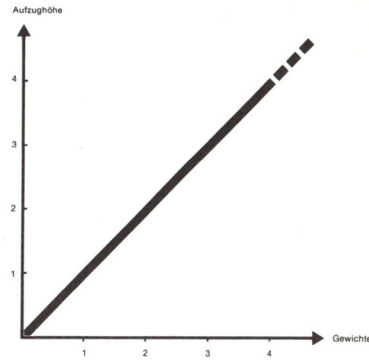

Die lineare Beziehung als Diagramm.

39

nach oben oder unten geht (die Wirkung proportional oder umgekehrt proportional ist), ob sie steil oder flach verläuft, spielt dabei keine Rolle. Hauptsache, es ist eine Gerade.

Weitere Beispiele: Der Maisertrag pro Ackerfläche steigt – innerhalb von Grenzwerten – proportional mit der Tiefe der Humusschicht. Eine Küchenhilfe schält Kartoffeln. Die Anzahl der geschälten Kartoffeln steht in linearer Beziehung zu der aufgewandten Zeit. Die Steigerung der Todesfälle durch Leberzirrhose geht auffällig genau mit dem Zuwachs des Alkoholkonsums einher: Von 1950 bis 1975 stieg der Alkoholverbrauch in der Bundesrepublik von 3,3 auf 14,3 Liter pro Kopf, also um das 4,3fache(!). Im gleichen Zeitraum stiegen die Todesfälle durch Leberzirrhose pro 100 000

Einwohnern von 13,6 auf 58,6 an, also ebenfalls um das 4,3fache. In der Natur gibt es nur wenige wirklich lineare Beziehungen wie in diesen Beispielen. Und wenn, dann nur innerhalb eines begrenzten Bereichs. (Vergleiche Kapitel 6 bis 8.)

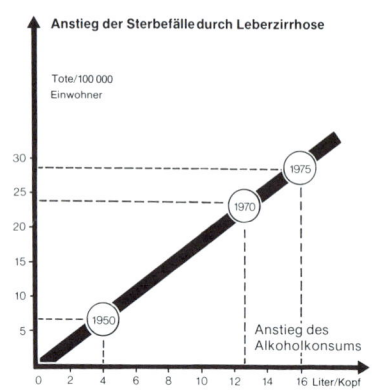

Der Anstieg der Todesfälle durch Leberzirrhose mit dem Alkoholkonsum (nach Bundesgesundheitsamt).

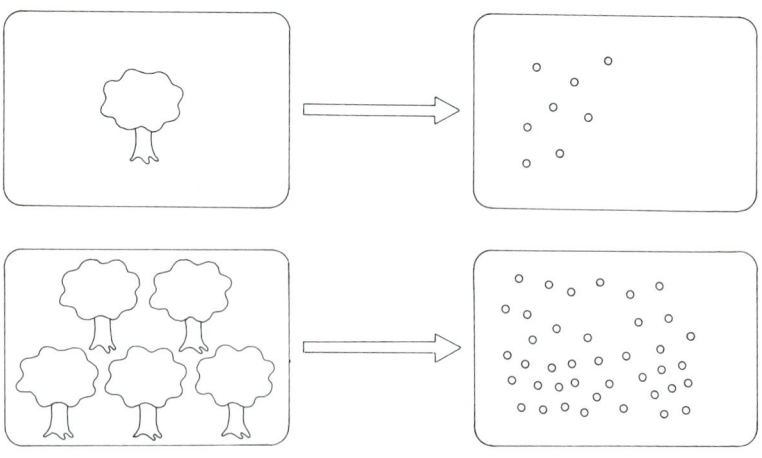

Die Größe der Grünfläche wirkt linear auf die Sauerstoffproduktion. Übrigens: Eine einzige alte Buche produziert bei Tageslicht 1200 Liter Sauerstoff pro Stunde. Ein Mensch veratmet in der gleichen Zeit 30 Liter, ein Volkswagen 16 000 (!).

6. Blutdurchfluß
Nichtlineare Beziehungen

Durch die Unkenntnis nichtlinearer Beziehungen verführen simple Hochrechnungen oft zu falschen Schlüssen. Denn vielfach verändern sich Ursache und Wirkung nicht im gleichen Maße – zum Beispiel bei Strömungsvorgängen, bei Stauungen, bei Vorgängen der Sättigung oder solchen der Beschleunigung.

Verringert sich der Durchmesser eines Blutgefäßes auf die Hälfte (z. B. durch arteriosklerotische Ablagerungen), so fließt nicht etwa halb soviel Blut hindurch – wie das bei einer linearen Beziehung der Fall wäre –, sondern nur noch ein Sechzehntel dieser Menge. Verringert sich der Durchmesser auf ein Viertel, so geht der Blutdurchfluß gar auf ein Zweihundertsechsundfünfzigstel der ursprünglichen Menge zurück ($y = x^4$).

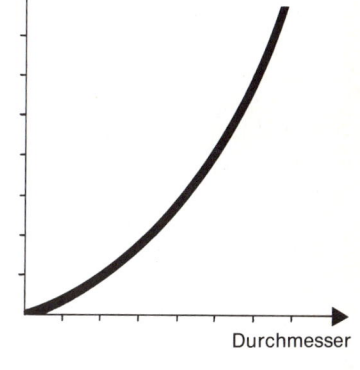

Blutvolumen pro sec

Durchmesser

Durchmesser
1
Fläche= 1
Durchfluß = 1

Durchmesser
½
Fläche= ¼
Durchfluß = 1/16

Durchmesser
¼
Fläche= 1/16
Durchfluß = 1/256

Das steile Absinken des Blutdurchflusses schon bei geringfügigen Verengungen der Gefäßwände ist einer der Hauptauslöser bei Infarkten. Wie in jedem Regelkreissystem ist jedoch auch hier das Ineinanderspiel von Kreislaufschäden, Rauchen, Streßbelastung, Ernährung, Bewegungsmangel, Bluthochdruck und Ablagerungen nicht eindeutig. Und wie in jedem Regelkreissystem kann auch hier eine Ursache zur Wirkung und eine Wirkung zur Ursache werden.
Übrigens: Von 1953 bis 1973 stieg in der Bundesrepublik die Zahl der

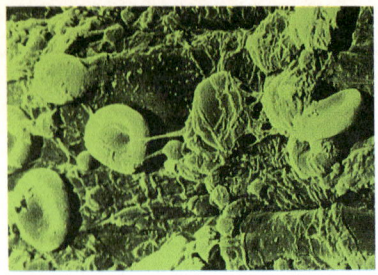

Arteriosklerotische Ablagerungen an der Innenwand eines menschlichen Blutgefäßes (1500:1).

Todesfälle durch Herz-Kreislauf-Schäden von 183000 auf 325000 pro Jahr an.

In ähnlicher Weise wie solche potenzierte Wirkungen ($y = x^a$) haben auch exponentielle Wirkungen ($y = a^x$) einen ausgesprochen steilen, unter Umständen sogar explosionsartigen Verlauf.

Auch die Beziehung zwischen Fahr-

zeugzahl pro Straßenfläche und dem Grad der Luftverschmutzung ist gewissermaßen exponentiell oder zumindest überproportional: Mit zunehmender Verkehrsdichte erhöhen sich auch die Stauungen, so daß die Abgasproduktion nicht nur mit der Zahl der Fahrzeuge, sondern

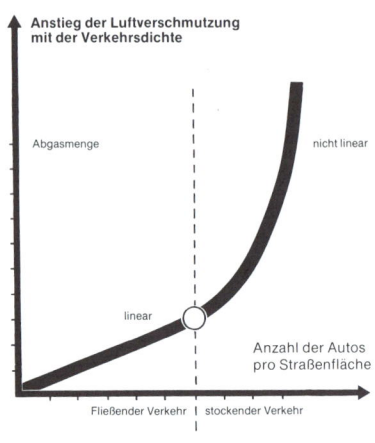

Anstieg der Luftverschmutzung mit der Verkehrsdichte

Zum Ausprobieren

Macht man mit einem dünnen Nagel (Durchmesser ungefähr 1 mm) ein Loch in den Boden einer Konservendose, so kann man nun mit einer Stoppuhr die Zeit messen, wie lange es dauert, bis die vorher bis zum Rand mit Wasser gefüllte Dose leer ist. Nun erweitert man das Loch mit immer dickeren Nägeln, mißt jeweils den Lochdurchmesser und die zugehörige Zeit und trägt die Werte in einem Zeit/Durchmesser-Diagramm auf. Wenn Sie die Punkte miteinander verbinden, werden Sie feststellen, daß die Kurve nicht gerade verläuft, sondern in einer Potenzfunktion (siehe Abbildung) entstanden

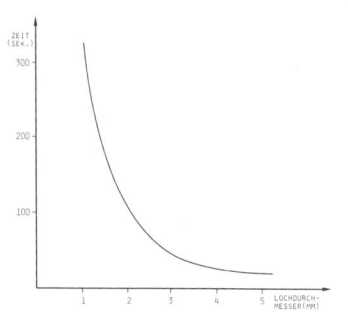

ist. Solche Kurven treffen wir nur bei nichtlinearen Beziehungen an. Noch weit ausgeprägter ist der Effekt in einem geschlossenen Röhrensystem, beispielsweise in den Blutgefäßen unseres Kreislaufs.

Die Verkehrsdichte wirkt nichtlinear auf die Luftverschmutzung.

auch pro Fahrkilometer ansteigt. Zusätzlich erwärmt sich die Luft, Inversionen werden begünstigt, Smoglagen treten auf und halten die Abgase fest.

Für die Bundesrepublik Deutschland wurde für das Jahr 1977 ein Gesamtausstoß von 420 Milliarden Kubikmetern Autoabgasen errechnet. Sie enthalten (in Gewichtstonnen):

100 000 t	Schwefeloxide
350 000 t	Stickoxide
6 500 000 t	Kohlenmonoxid
250 000 t	Kohlenwasserstoffe
7 000 t	Blei (1970)

Ein anderes Beispiel für nichtlineare Beziehungen: Gibt man mehr Geld für die Forschung aus, so wird die Qualität der Forschungsergebnisse zunächst ansteigen. Irgendwann ist aber ein Wert erreicht, der

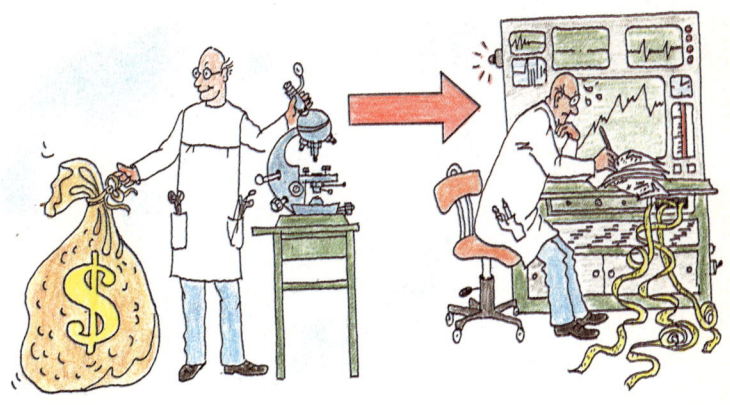

Die Ausgaben für Forschung wirken nichtlinear auf die Qualität der Ergebnisse.

Kurve mit Sättigungswert

Output

Input

trotz beliebig großer Geldmengen nicht überschritten werden kann – weil die Forschungsergebnisse auch mit der Zahl und dem Können der Forscher, mit der Struktur der Forschungsinstitute und den geleisteten Vorarbeiten vernetzt sind.

Es handelt sich um Wirkungen mit Sättigungswert – genau wie beim wirtschaftlichen Ertragsgesetz: Im ersten Stadium steigt der Output selbst bei konstantem Input zunächst überproportional an. Es folgt der Übergang in eine proportionale Beziehung und schließlich in eine Sättigungskurve (Asymptote).

Neben einfachen nichtlinearen Beziehungen, zu denen auch solche mit Sättigungswert gehören, finden wir in vernetzten Systemen auch weit kompliziertere – solche mit Grenz- und Schwellenwerten (vergleiche Kapitel 8) oder selbst mit mehrmaligem Richtungswechsel (vergleiche Kapitel 12).

7. Das indische Märchen
Exponentielles Wachstum

Die weitverbreitete Unkenntnis über den wahren Charakter des exponentiellen Wachstums – einer der wichtigsten nichtlinearen Beziehungen – kann zu verblüffenden Folgen führen.

Am Beispiel des bekannten indischen Märchens vom Schachbrett und der sich von Feld zu Feld verdoppelnden Zahl von Weizenkörnern erfährt der Leser, wie wichtig es ist, exponentielle Beziehungen frühzeitig zu erkennen.

Vor langen Zeiten hatte ein weiser Brahmane in Indien das Schachspiel erfunden und es seinem König zum Geschenk gemacht. Der König war so begeistert von dem Spiel, daß er dem Brahmanen einen freien Wunsch gestattete. Dieser erbat sich für das erste Feld des Schachspiels ein Weizenkorn und für die restlichen 63 Felder jeweils doppelt so viele Körner wie auf den vorherigen. Der König, erfreut über den bescheidenen Wunsch des Weisen, ließ ihm aus einer Schüssel ein Feld nach dem anderen mit der gewünschten Anzahl Körner belegen. Bald wurden es aber mehr, als er ursprünglich dachte, und er ließ noch einige Scheffel und schließlich Säcke bringen. Er war aber weiterhin guten Muts, denn er hatte noch wenig von Exponentialfunktionen gehört.

Doch man war noch längst nicht bis in die Mitte des Schachbretts gelangt, als der König plötzlich erkennen mußte, daß der Wunsch des Brahmanen nicht nur ihn, sondern das ganze Land ruinieren mußte – ja, daß selbst auf der ganzen Welt nicht genug Weizen produziert wurde, um den Wunsch des Brahmanen zu erfüllen. Beschämt mußte er kapitulieren.

Auch heute noch müßten wir genauso bei diesem Wunsch aufstekken wie damals. Denn auf dem 64. Feld lägen 2^{63} Weizenkörner – mehr als 9000 Billiarden. Und das sind über 400 Milliarden Tonnen

---

Zum Ausprobieren

Man kann dieses Märchen zu einem kleinen Experiment umwandeln: Sie können zum Beispiel mit einem Pfund Erbsen versuchen abzuschätzen, für wieviele Felder die Erbsen reichen werden. Machen Sie eine Umfrage in der Familie. Kaum jemand wird die richtige Antwort herausfinden.

Exponentielles Wachstum und das indische Schachbrettmärchen.

oder die gesamte Weltweizenernte für die nächsten 1000 Jahre!

Die Geschichte zeigt, daß man durchaus – wie der schlaue Brahmane – eine solche Entwicklung schon im Anfang erkennen kann und daß man nicht warten muß, bis die Katastrophe eingetreten ist. Auch unser König wäre wohl bei etwas mehr Voraussicht – oder wenn er die mathematische Kurve eines exponentiellen Wachstums vor Augen gehabt hätte – sicher nicht auf das so harmlos scheinende Angebot eingegangen.

In unserer Welt gibt es genügend Beispiele für exponentielle Entwicklungen, die im Anfang harmlos aussehen und sich dann wie in dem indischen Märchen sehr plötzlich überschlagen und unsere Vorstel-

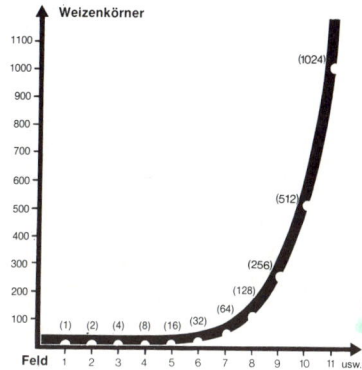

lungen übersteigen. Die jährlichen Abgasemissionen im Straßenverkehr, die jährliche Plutoniumproduktion in Kernkraftwerken, die sich alle 10 Jahre verdoppelnden Müllberge (Autowracks alle 5 Jahre!) oder die immer rascher steigende Zahl der Großstädte auf der Erde.

Wer kennt nicht die Sache mit den sich Tag für Tag verdoppelnden Teichrosen? Nach 15 Tagen ist der Teich halb bedeckt. Frage: Wann ist er ganz zugewachsen? Natürlich am 16. und nicht am 30. Tag!

Ob wir solche Entwicklungen rechtzeitig erkennen, liegt oft nur am Zeitmaß der Verdoppelungsspanne. Wenn jemand beim Roulette einen Chip auf Rot liegen läßt und dann durch eine Rot-Serie die Bank gesprengt wird, hat er den Hergang unmittelbar vor Augen. Bei einer längeren Verdoppelungsspanne, etwa beim Wachstum eines Sparkontos, wo die Verdoppelungszeit vielleicht 10 Jahre beträgt, »rettet« uns (oder unsere Enkel) meist eine Geldabwertung vor dem sonst unermeßlichen Segen. Bei einer durch Zinseszins hochschnellenden Verschuldung rettet uns meist nichts.

Wie der indische König sind wir zunächst blind gegenüber nichtlinearen Funktionen. Und so steuern wir auch im großen, zum Beispiel durch die exponentielle Rohstoffausbeutung, immer rascher auf endgültige Grenzen zu. Solange eben die letzte Tonne Silber, Kupfer, Blei, Zink, Erdöl und Uran noch nicht gefördert ist, ist von Mangel nichts zu spüren – auch wenn danach schlag-

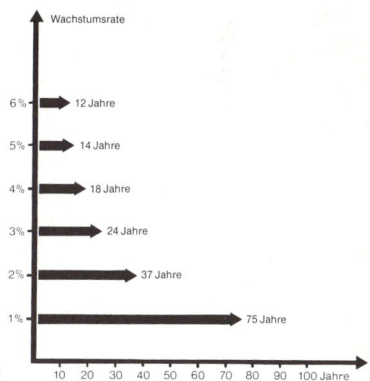

Verzögerung der Rohstofferschöpfung durch 50-prozentiges Recycling.

47

Auf dieser Grafik sind unterschiedliche exponentielle Wachstumsraten
(z. B. die einmalige Anlage von
1000 Mark zu unterschiedlichen
Zinssätzen: 2%, 4%, 6%) dargestellt. Es ist jedoch nur der Anfangs-
verlauf zu erkennen.

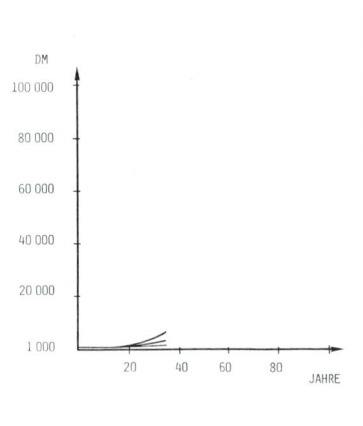

Wenn Sie nun mir Ihrer Familie einen Test machen, bei dem es die
Aufgabe ist, den weiteren Kurven-
verlauf zu schätzen und mit Bleistift
zu vervollständigen, werden Sie sehen, daß sehr viele Menschen nicht
in der Lage sind, den Verlauf exponentiellen Wachstums richtig einzu-
schätzen. (Den richtigen Kurvenver-
lauf finden Sie auf Seite 11.)

artig unsere gesamte Technologie
zusammenbrechen sollte.

Eine exponentielle Kurve bleibt
eben exponentiell, auch wenn die
Verdoppelungsspanne (z. B. beim
Rohstoffverbrauch durch Rückge-
winnung) verlängert wird. Solange
der Verbrauch exponentiell steigt,
wird die Kurve – und damit der Ein-
tritt der Katastrophe – lediglich um
wenige Jahrzehnte gestreckt. Trotz-
dem kann dies entscheidend sein,
wenn die gewonnene Zeit zu einer
Neuorientierung, das heißt zu einer
Abkehr vom exponentiellen Wachstum genutzt wird (vergleiche Kapitel 12).

8. Bogenspannen
Grenz- und Schwellenwerte

Die Beziehung zwischen den Elementen eines Systems muß nicht immer einer zügigen Kurve entsprechen. Sie kann sich auch abrupt ändern. Dies läßt sich am Beispiel von Pfeil und Bogen demonstrieren.

Unterhalb eines bestimmten Wertes – bei schlaffer Schnur – fliegt kein Pfeil ab. Durch stärkeres Spannen des Bogens fliegt ein Pfeil immer weiter, bis der Bogen bricht und der Pfeil überhaupt nicht mehr fliegt. Solche Grenz- und Schwellenwerte haben eine enorme Bedeutung für das Verstehen der Abläufe in einem System.

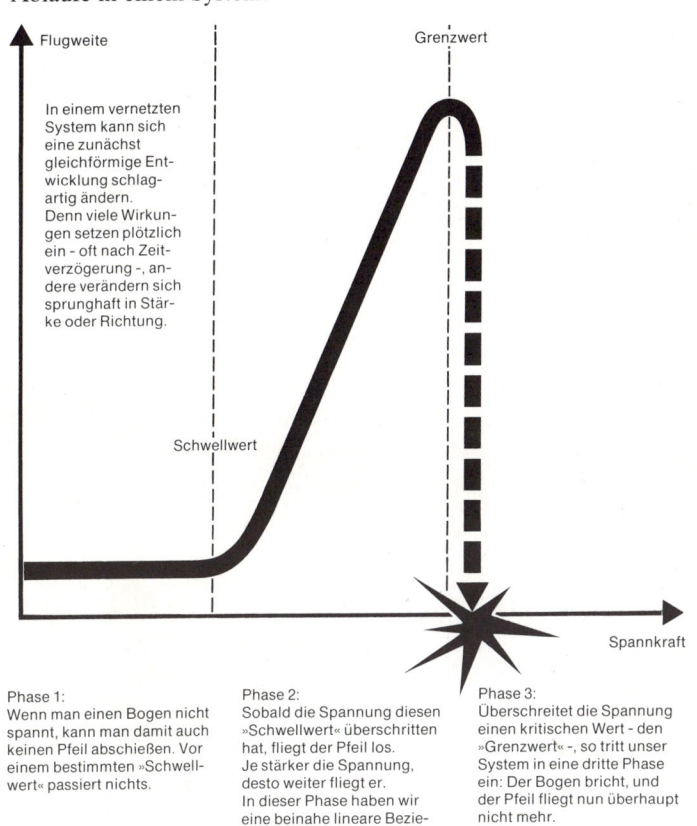

Flugweite

Grenzwert

In einem vernetzten System kann sich eine zunächst gleichförmige Entwicklung schlagartig ändern. Denn viele Wirkungen setzen plötzlich ein - oft nach Zeitverzögerung -, andere verändern sich sprunghaft in Stärke oder Richtung.

Schwellwert

Spannkraft

Phase 1:
Wenn man einen Bogen nicht spannt, kann man damit auch keinen Pfeil abschießen. Vor einem bestimmten »Schwellwert« passiert nichts.

Phase 2:
Sobald die Spannung diesen »Schwellwert« überschritten hat, fliegt der Pfeil los. Je stärker die Spannung, desto weiter fliegt er. In dieser Phase haben wir eine beinahe lineare Beziehung.

Phase 3:
Überschreitet die Spannung einen kritischen Wert - den »Grenzwert« -, so tritt unser System in eine dritte Phase ein: Der Bogen bricht, und der Pfeil fliegt nun überhaupt nicht mehr.

Die Wirkung mit Grenz- und Schwellenwert beim Bogenspannen.

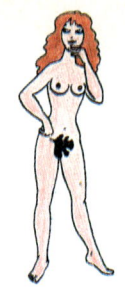

Unterhalb des Schwellenwertes bleibt die Wirkung aus.

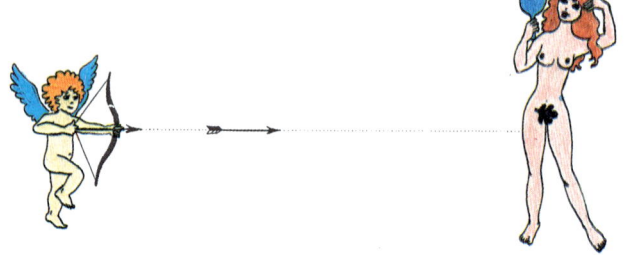

Oberhalb des Schwellenwertes vergrößert sich mit der Spannung die Wirkung.

Jenseits des Grenzwertes tritt das Gegenteil des Erhofften ein.

In einem vernetzten System kann sich daher eine zunächst gleichförmige Entwicklung schlagartig ändern. So setzen viele Wirkungen plötzlich ein – oft nach Zeitverzögerung –, andere verändern sich sprunghaft in Stärke oder Richtung. Wir sehen, wenn wir in einer ursprünglich sinnvollen Richtung übertreiben, werden nur allzuleicht Grenzwerte überschritten, und die Entwicklung kann ins Gegenteil von dem umschlagen, was wir wollten.

50

In unserem täglichen Leben gibt es sehr viele Vorgänge und Wirkungen mit Grenz- und Schwellenwerten. Hierzu zwei Beispiele:
Bläst man einen Luftballon immer stärker auf, so platzt er irgendwann. Wir haben einen Grenzwert der mechanischen Belastbarkeit der Gummihaut des Ballons erreicht. Welche Beziehung besteht zwischen der Menge der eingeblasenen Luft und der Größe des Ballons? Ist sie linear, oder nichtlinear? Warum kann man einen stark aufgeblasenen Luftballon durch Drücken oder Stechen leichter zum Platzen bringen?

Auch in unserer Küche bekommen wir tagtäglich Vorgänge mit Grenzwerten demonstriert: Wird ein frisches Ei mit kaltem Wasser zu einer trüben Brühe verrührt und dann langsam erhitzt, so kann man folgendes beobachten: Über einen weiten Temperaturbereich ändert sich an unserer »Suppe« überhaupt nichts. Nach einer Weile jedoch zeigen sich erste Flocken, die dann bei einer bestimmten Temperatur ganz plötzlich zusammenklumpen. Warum geht das auf einmal so schnell? (Vergleiche Kapitel 9.)

Ein eindrucksvolles Beispiel ist das Wachstum einer Elefantenherde. Sie kann sich lange Zeit ungehemmt vermehren. Das Angebot an Pflanzen reicht zunächst für alle Tiere aus. Je größer die Herde wird – in

Ist der Grenzwert der Populationsdichte einer Elefantenherde überschritten, so sterben alle Elefanten und nicht nur die überzähligen.

manchen Naturschutzparks gab es schon regelrechte Bevölkerungsexplosionen –, desto stärker werden die Pflanzen abgeweidet: Die Vegetation nimmt exponentiell ab.
Wenn einmal eine kritische Elefantenzahl überschritten ist, so ist sehr schnell der Punkt erreicht, an dem auch das letzte Akazienbäumchen abgefressen ist.
Die ganze Herde stirbt »auf einen Schlag« aus. Hätte man die Herde retten wollen, so hätte man sie vor jenem »Grenzwert« auf eine vernünftige Anzahl dezimieren müssen.
Solche kritischen Grenz- und Schwellenwerte gibt es bei vielen ökologischen – und natürlich auch bei sozialen Risiken. Wie in vielen durch den Tourismusboom veränderten Gebieten mit ehemals einfacher, aber stabiler Sozialstruktur

Folgen des Touristenbooms auf den Kanarischen Inseln.

trat auch auf den Kanarischen Inseln eine zunächst von allen begrüßte Entwicklung ein. Sie führte viele aus bisher bescheidener Lebensweise heraus, ging aber nach Erreichen eines Grenzwertes – nämlich als der Boom nachließ – in eine irreversible Phase über, aus der es offenbar keinen Weg zurück gibt.

Der Sog des Tourismusgewerbes führte zu immer stärkerer Landflucht, die Bananenfelder verrotteten, und als Bauboom und Touristenstrom verebbten, kam die Arbeitslosigkeit. Zurück aufs Land? Die Felder waren kaputt, das Wasser war knapp geworden und die Sozialstruktur zerstört. Aus Bauern und Fischern war ein Volk von Maurern und Zimmermädchen

geworden – jedoch nunmehr abhängig von einer krisenanfälligen Branche.

Auch mit Gewalt – mit unsinnigen Kunstdünger- und Pestizideinsätzen – konnte man die zerstörte Agrarstruktur nicht mehr retten, im Gegenteil, man besiegelte damit die endgültige Erosion.

Wirkungen mit Schwellen- und Grenzwerten sind also für das Verständnis der Abläufe in vernetzten Systemen von entscheidender Bedeutung.

So wie ein typischer Schwellenwert die »kritische Masse« bei der Kernspaltung ist, sind typische Grenzwerte solche der Populationsdichte, des Grundwasserspiegels, des Grades der Luftverschmutzung, der Selbstreinigungskraft unserer Flüsse und Seen, der Verkehrsdichte und der Rohstoffvorräte.

Das Tückische ist jedoch dabei, daß sich – wie beim zerbrochenen Bogen – oberhalb eines bestimmten Grenzwertes eine Entwicklung oft nicht mehr rückgängig machen läßt (irreversible Prozesse). Wie beim »Umkippen« von Gewässern kommt es dann zu Katastrophen, Zusammenbrüchen oder schlagartigen Wendungen in eine unerwartete Richtung. (Vergleiche Kapitel 7, 12 und 13.)

Teil 3

Wie wirken die Dinge auf sich selbst zurück?

Sind die Lohnforderungen der Gewerkschaften schuld an der Inflation? Oder ist die Inflation schuld an den Lohnforderungen? Ursache und Wirkung lassen sich in einem vernetzten System oft nicht voneinander unterscheiden. Denn die einzelnen Systemteile wirken meist direkt oder indirekt auch wieder auf sich selbst zurück – Ursache und Wirkung verschmelzen. Die verschiedenen Arten solcher Rückwirkungen mit ihren zum Teil ganz unterschiedlichen Effekten auf das Gesamtsystem erfährt der Leser anhand der Beispiele dieser Themengruppe.

9. Aufschaukeln – Abschaukeln
Positive Rückkoppelung

Positive Rückkoppelung entsteht, wenn Wirkung und Rückwirkung sich gegenseitig verstärken, also gleichgerichtet sind. Positive Rückkoppelung ist nötig, um in Systemen Dinge zum Laufen zu bringen. Sie muß jedoch immer einer übergeordneten Regulation gehorchen (negative Rückkoppelung). Tut sie es nicht, so können wahre Teufelskreise entstehen, die nicht mehr unter Kontrolle zu bringen sind.

Am Beispiel der Bevölkerungsexplosion (Aufschaukeln) und des Kreislaufs zwischen Bewegungsmangel und Muskelerschlaffung (Abschaukeln) wird das Wesen der positiven Rückkoppelung demonstriert. Weitere Beispiele sind die Zersiedlung unserer Landschaft (Aufschaukeln) und die unaufhaltsame Entwicklung mancher Bankzusammenbrüche (Abschaukeln).

Positive Rückkoppelung

Das gegenseitige Aufschaukeln von Löhnen und Preisen (die Lohn-Preisspirale), das Beispiel von der zunehmenden Zersiedlung einer Landschaft (wo der Verkehr den Menschen verdrängt), die Rückkoppelung zwischen Mikrofon und Lautsprecher bis zum ohrenzerreißenden Pfeifton, das Argument des Trinkers (»Ich trinke, weil ich mich schäme – und ich schäme mich, weil ich trinke«), das sich aufschaukelnde Verhältnis zwischen Drogensucht und der für einen »Trip« erforderlichen Menge und selbst mancher Ehekrach (ein Wort gibt das andere, beim letzten knallt die Tür) – all dies sind Beispiele für positive Rückkoppelung, für ein Aufschaukeln gleichgerichteter Wirkungen.

Ungebremst ginge die Zersiedlung bis zur totalen Betonlandschaft, die Bevölkerungsexplosion bis zur Erschöpfung von Lebensraum und Nahrungsquellen, die Drogeneinnahme bis zum Tod und der Ehekrach bis zur Scheidung oder gar zum Mord. Positive Rückkoppelung – ganz gleich, ob nach oben oder unten – kann daher sehr gefährlich sein. Wenn sie nicht durch negative Rückkoppelung kontrolliert ist (vergleiche Kapitel 10), führt sie immer zu tödlichen Grenzen für das entsprechende System. Deshalb muß man sie rechtzeitig erkennen;

Auch das Aufschaukeln zu einer Lachsalve geschieht durch positive Rückkoppelung.

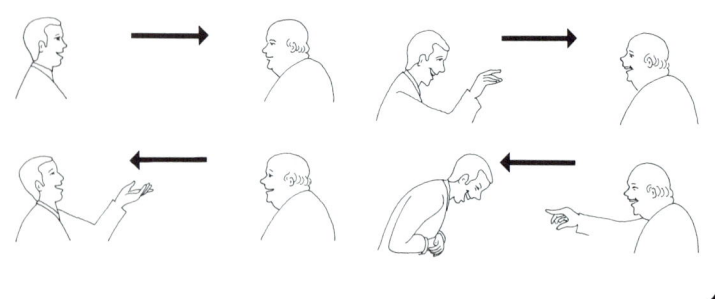

und je eher sie gebremst wird, desto sanfter erfolgt der Übergang in ein dauerhaftes Gleichgewicht.

Einer der dramatischsten Aufschaukelungsprozesse ist wohl die Kettenreaktion der Kernspaltung: Neutronen werden von Atomen eingefangen, spalten diese und setzen dabei mehr Neutronen frei, als ursprünglich vorhanden waren, die wiederum noch mehr Atome spalten. Oberhalb eines »Schwellenwertes«, der berühmten kritischen Masse (vergleiche Kapitel 8), multipliziert sich das Ganze in Sekundenbruchteilen und führt zur Atomexplosion. Unterhalb der kritischen Masse wird der Neutronenfluß dagegen rasch immer schwächer. Die Kettenreaktion stirbt ab. Im Kernreaktor muß daher knapp über den »Schwellenwert« ein künstlicher »Grenzwert« gesetzt werden, um den Neutronenüberschuß ständig wegzufangen. Für uns ein interessantes Beispiel, da hier Aufschaukeln, Abschaukeln, Grenz- und Schwellenwerte gleichermaßen eine Rolle spielen.

Positive Rückkoppelung nach oben

Je mehr Menschen es gibt, desto mehr Kinder können gezeugt werden. Je mehr Kinder gezeugt werden, desto mehr Menschen wird es geben, die wiederum Kinder zeugen und so fort. Menschenzahl und Geburten schaukeln sich also immer schneller nach oben auf. Zwischen ihnen besteht sogenannte positive Rückkoppelung. Ergebnis: die Bevölkerungsexplosion. Wenn wir so weiterwachsen, würden sich im Jahre 2420 auf jedem Quadratmeter 50 Menschen drängen. Das Endergebnis einer positiven Rückkoppelung nach oben ist immer ein explosions-

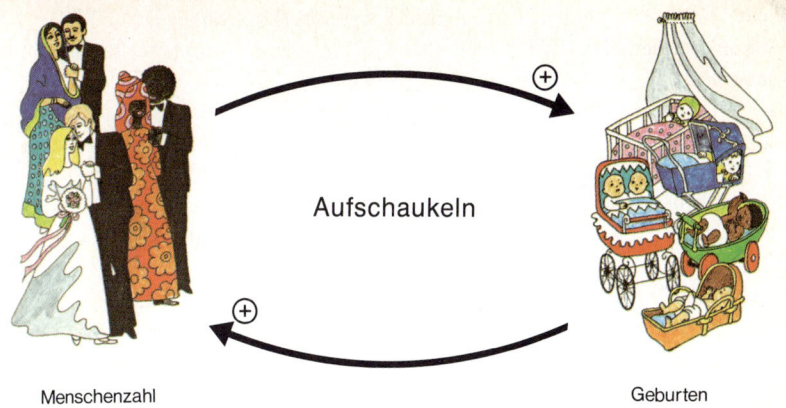

Aufschaukeln

Menschenzahl   Geburten

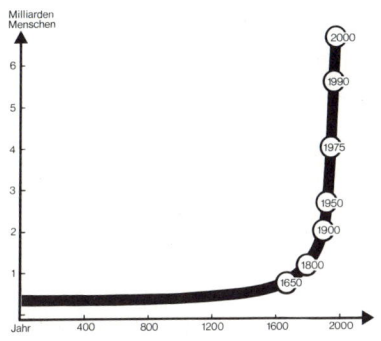

schwarz

Die Bevölkerungsexplosion: schon kleine Wachstumsraten (1 bis 2 Prozent) führen zur positiven Rückkoppelung nach oben und damit zur Zerstörung des Systems.

artiges Wachstum. Und damit Zerstörung des betreffenden Systems – wenn nicht irgend etwas regulierend eingreift!

Das gilt zum Beispiel auch für die immer raschere Zubetonierung einer Landschaft: Hier schaukeln sich Verkehrsbedarf und Zersiedlung gegenseitig auf. Die Trennung in Wohnen, Arbeiten und Erholen führt zu immer längeren Wegstrecken und steigendem Verkehrsbedarf, der sich ständig selbst multipliziert. Der Anteil an Verkehrs- und Parkflächen wächst an – auch in den Städten, wo im-

mer weniger Platz zum Wohnen ist. Noch mehr Leute ziehen aus der Stadt und sind auf ein Auto angewiesen.

Das führt zu weiterer Zersiedlung, zu mehr Verkehr, zu mehr Straßen, zu mehr Parkplätzen, zu weiteren Satellitenstädten und zum Wegfall von Naherholungsgebieten – positive Rückkoppelung bis zur Zerstörung des Lebensraums. Schon gehören dem Autoverkehr in Boston 40 Prozent, in München 50 Prozent, in Los Angeles 60 Prozent der Innenstadtfläche. Mit einem Bruchteil der Straßenbaukosten hätte ein öffentli-

57

cher Verkehr entstehen können, der diese Probleme gar nicht erst aufkommen läßt.

Positive Rückkoppelung nach unten

Wenn wir uns wenig bewegen, werden unsere Muskeln schwach. Je schwächer die Muskeln, desto schwerer fällt uns jede Körperleistung. Wir bewegen uns noch weniger, die Muskeln geraten schließlich ganz aus der Übung, und die Bequemlichkeit erreicht ein Maximum. Kreislauf und Stoffwechsel nehmen Schaden. Über den Bewegungsmangel schaukeln sich also die Körperkräfte immer schneller ab – bis zu schweren körperlichen Störungen.

Man schätzt, daß 1976 allein 25000 Bundesbürger infolge von Bewegungsmangel an Stoffwechsel- und Kreislaufstörungen gestorben sind. Positive Rückkoppelung nach unten führt zu einem immer rascheren »Einfrieren«, zum Stillstand, zum Tod: ein Abschaukeln bis zur Zerstörung des Systems – wenn nicht auch hier irgend etwas regulierend eingreift, zum Beispiel, indem man sich aufrafft, endlich Sport zu treiben.

Den gleichen Mechanismus haben

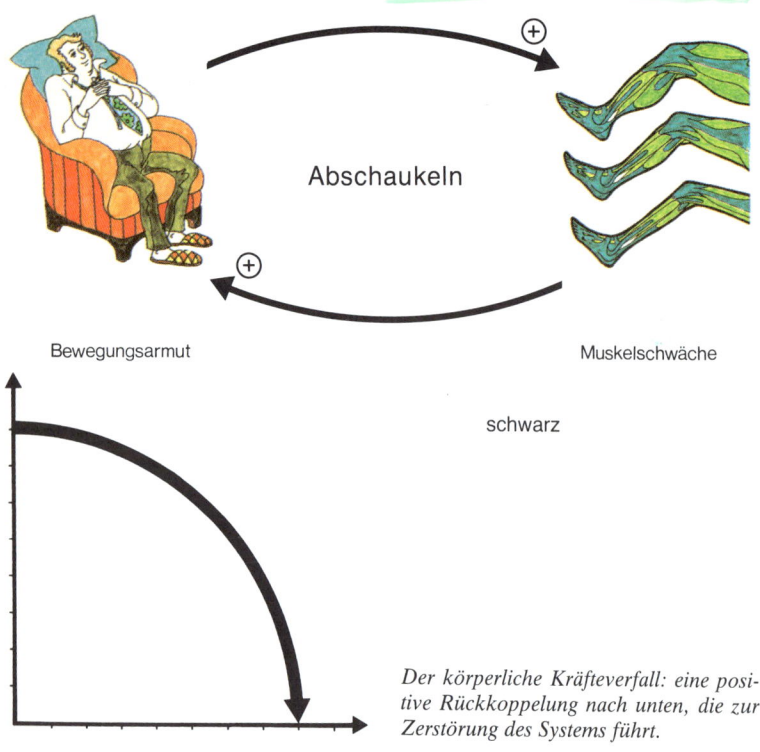

Abschaukeln

Bewegungsarmut

Muskelschwäche

schwarz

Der körperliche Kräfteverfall: eine positive Rückkoppelung nach unten, die zur Zerstörung des Systems führt.

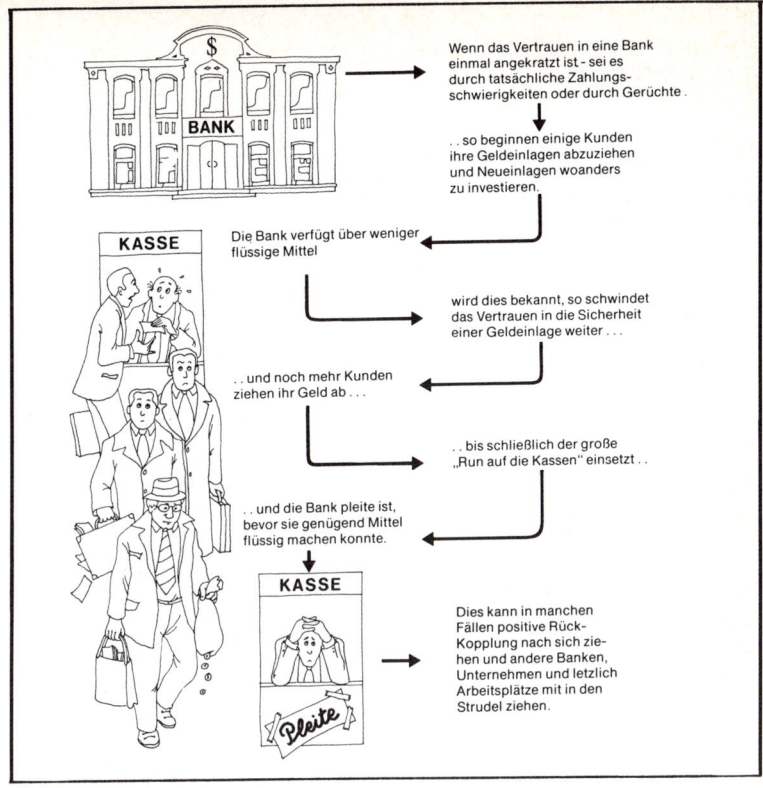

Wenn das Vertrauen in eine Bank einmal angekratzt ist - sei es durch tatsächliche Zahlungsschwierigkeiten oder durch Gerüchte.

.. so beginnen einige Kunden ihre Geldeinlagen abzuziehen und Neueinlagen woanders zu investieren.

Die Bank verfügt über weniger flüssige Mittel

wird dies bekannt, so schwindet das Vertrauen in die Sicherheit einer Geldeinlage weiter...

.. und noch mehr Kunden ziehen ihr Geld ab...

.. bis schließlich der große „Run auf die Kassen" einsetzt ..

.. und die Bank pleite ist, bevor sie genügend Mittel flüssig machen konnte.

Dies kann in manchen Fällen positive Rück-Kopplung nach sich ziehen und andere Banken, Unternehmen und letzlich Arbeitsplätze mit in den Strudel ziehen.

Die positive Rückkoppelung nach unten ist die Ursache vieler Bankkräche.

wir auch beim sozialen Abstieg, zum Beispiel durch die Rückkoppelung zwischen sinkender Sicherheit im Auftreten und sinkendem Erfolg. Und ebenso kennen wir ihn von vielen Bankpleiten: Sinkt das Ansehen einer Bank, so beginnen einige Kunden ihre Geldeinlagen abzuziehen. Wird dies bekannt, so schwindet das Vertrauen weiter, und noch mehr Kunden heben ihr Geld ab, bis schließlich der große »Run« auf die Kassen einsetzt und die Bank pleite ist, bevor

sie genügend Mittel flüssigmachen konnte.

Einige Beispiele solcher Bankpleiten aus der Geschichte:

1931 Darmstädter und Nationalbank. Innerhalb 8 Wochen Abzug von 560 Millionen Reichsmark → Pleite.

1931 Deutsche Bankkrise bewirkt Abzug ausländischer Einlagen in Höhe von 1,1 Milliarden Reichsmark.

1931 Kuhn und Loeb (USA), Abzug von 80 Prozent aller Ein-

Zum Ausprobieren

In Kapitel 8 haben wir das Eier-Experiment kennengelernt, welches zugleich ein Beispiel für eine positive Rückkoppelung ist: Unterhalb eines Temperaturschwellenwertes dauert es sehr lange, bis sich die ersten Teilchen niederschlagen. Sobald diese vorhanden sind, wirken sie selbst als Keime. Weiteres Eiweiß flockt aus und der Vorgang beschleunigt sich immer mehr, bis schließlich kein Eiweiß mehr gelöst ist.

Ein weiteres schönes Experiment kann man mit einer Farbvideokamera durchführen. Richtet man die Kamera in einem abgedunkelten Raum auf den Fernseher, der das wiedergibt, was die Kamera aufnimmt, nämlich die eigene Mattscheibe, so kann man nach einigen Versuchen (die Kamera sollte zuerst nur auf den Rand des Fernsehbildes gerichtet werden) beobachten, wie ganz von alleine schöne farbige Lichtmuster entstehen, die zuerst langsam und dann immer schneller an Helligkeit zunehmen, bis es zu einer wahren Lichtexplosion kommt. Im weiteren Verlauf sieht man, daß das Bild wieder dunkel wird, um dann den Vorgang zu wiederholen. Warum pulsiert nun das Bild? Eine mögliche Erklärung finden Sie in Kapitel 12.

lagen bis 1933 → Pleite, worauf Präsident Roosevelt alle Bankschalter Amerikas schloß.

1950 Handels- und Verkehrsbank AG konnte nur 37 Prozent der Kundengelder zurückzahlen → Pleite.

1973 Bansa Bank AG. Zeitweise bis 90 Millionen Mark Einlagen gefährdet → Pleite.

1974 Franklin National Bank (USA). Vorübergehender Devisenverlust bewirkt Abzug von 825 Millionen Mark → Pleite.

1974 I. G. Herstatt. Nach riskanten Spekulationen zunehmende Abzüge bis Gesamtverlust von 480 Millionen Mark → Pleite.

1976 Pfalz Kreditbank GmbH und Co. KG. Gesamtverluste 100 Millionen Mark → Pleite.

Um das Schlimmste zu vermeiden, versucht man heute, die positive Rückkoppelung vor Eintreten allzu großer Verluste zu stoppen: durch frühzeitig erzwungene Schalterschließung und durch den Einsatz eines gemeinsamen »Feuerwehrfonds« usw.

Das entspricht zwar noch nicht der Selbstregulation durch einen übergeordneten Regelkreis, hält aber die Entwicklung innerhalb gewisser Grenzwerte. (Vergleiche Kapitel 8 und 12.)

10. Der Wolf und der Hase
   Negative Rückkoppelung

Negative Rückkoppelung ist einer der wichtigsten Kunstgriffe, mit denen sich natürliche Systeme – trotz existierender positiver Rückkoppelungen (vergleiche Kapitel 9) – am Leben erhalten. Hier ist also »negativ« einmal etwas Gutes! Denn negative Rückkoppelung führt zur Selbstregulation eines Systems.

Je schneller der Wolf läuft, desto mehr Hasen kann er fangen . . ., je mehr Hasen er fängt, desto dicker wird er . . ., desto langsamer kann er laufen . . ., desto weniger Hasen fängt er . . ., desto dünner wird er . . ., desto schneller kann er wieder laufen . . ., wieder mehr Hasen fangen . . . und so fort.

Eine solche *negative Rückwirkung* ist das Grundprinzip aller Regelkreise, mit dem sich Systeme in einem stabilen Gleichgewicht halten. Anders als bei der positiven Rückwirkung verstärken sich hier nicht Ursache und Wirkung gegenseitig, sondern die Wirkung hemmt wieder die Ursache. Wächst eine Größe, wie der Bauch des Wolfes, mit dem Jagen und Fressen der Beute stark

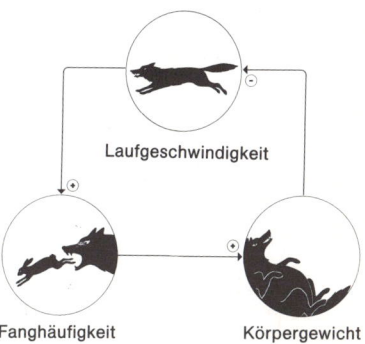

Laufgeschwindigkeit

Fanghäufigkeit   Körpergewicht

an (gleichgerichtete Wirkung), so wird dadurch die Laufgeschwindigkeit des Wolfes wieder verringert, beziehungsweise im umgekehrten Fall erhöht (entgegengerichtete Wirkung). Daher ist es eine »negative« Rückwirkung.

Unser Beispiel vom Wolf und dem Hasen entspricht einer sehr einfachen, direkten Rückwirkung. Eine Rückwirkung, die übrigens beim zivilisierten Menschen unterbrochen ist, weil ein dicker Mensch genauso leicht an seine Nahrung kommt wie ein dünner. Hier greifen dann höhere Regulationsmechanismen ein: entweder der eigene Wille oder auch eine Krankheit.

So haben wir viele Fälle, wo eine ehemalige negative Rückwirkung beseitigt wurde: durch künstliche Nahrungszufuhr, durch die Anlage von Tiefwasserbrunnen (vergleiche Kapitel 20), den Einsatz von Kli-

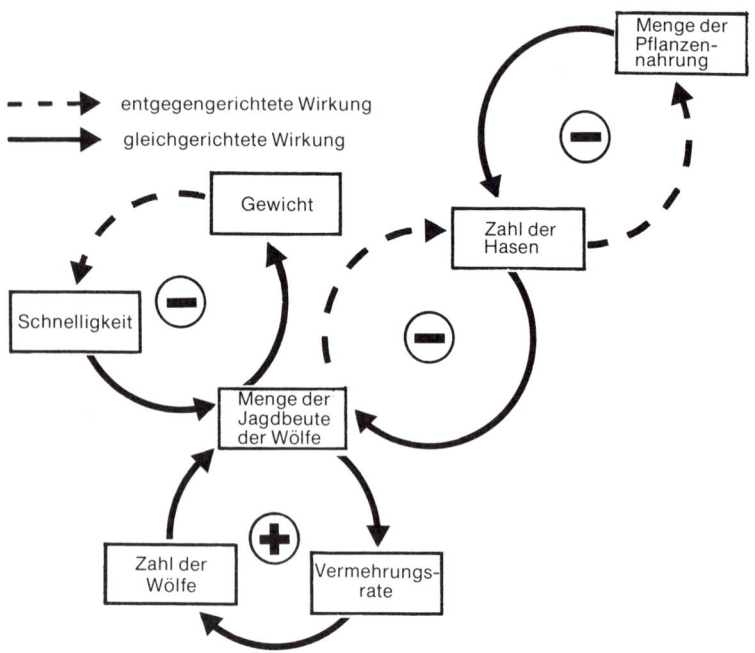

entgegengerichtete Wirkung

gleichgerichtete Wirkung

Menge der Pflanzennahrung

Gewicht

Zahl der Hasen

Schnelligkeit

Menge der Jagdbeute der Wölfe

Zahl der Wölfe

Vermehrungsrate

Ausschnitt aus dem Wirkungsnetz zwischen Raubtier, Beute und Pflanzennahrung. Negative ⊖ und positive ⊕ Rückkoppelungskreise kommen durch die Art der Beziehungen (gestrichelte oder durchgezogene Pfeile) innerhalb von Regelkreisen zustande. So sagt zum Beispiel der durchgezogene Pfeil von »Menge der Pflanzennahrung« zu »Zahl der Hasen«, daß bei größerer Pflanzenmenge auch die Zahl der Hasen zunimmt beziehungsweise bei geringerer Pflanzenmenge auch die Hasen zurückgehen. Umgekehrt bedeutet der gestrichelte Pfeil von »Zahl der Hasen« zu »Menge der Pflanzennahrung«, daß mit zunehmender Hasenzahl die Pflanzenmenge abnimmt beziehungsweise mit abnehmender Hasenzahl die Pflanzenmenge zunimmt.

maanlagen oder den Bau immer breiterer Straßen. Doch dadurch machen wir jedesmal aus einem sich bisher selbst regulierenden Teilsystem bloß ein störanfälliges Glied – und überlassen die Regulation dem nächstgrößeren System. Leider garantieren dann die von dort eintreffenden Rückwirkungen aber nur dessen eigenes Überleben. Für das ehemalige Teilsystem können sie tödlich sein.

In der Wirklichkeit regulieren sich natürlich nicht nur Gewicht und Geschwindigkeit des Wolfes über die Menge der gefangenen Hasen. Auch die Überlebenschance und Vermehrungsrate der Wölfe wird hierdurch beeinflußt. Und die Zahl der Hasen steht sowohl mit ihrer eigenen Vermehrung wie auch mit der verfügbaren Pflanzennahrung in Wechselwirkung.

Vier solcher Wirkungskreise, davon einer mit positiver Rückwirkung, sind auf der linken Seite als Wirkungsnetz abgebildet. Solche Wirkungsnetze spielen im Zusammenleben aller Tier- und Pflanzenarten eine große Rolle: In Gegenden, wo Pflanzen spärlich wachsen, schützen die Wölfe letzten Endes auch die Hasen vor dem Aussterben, weil sie deren Vermehrungsrate klein halten und dadurch eine Hungerkatastrophe verhindern. Aus dem Schema ergibt sich: je mehr Wölfe, um so weniger Hasen, um so mehr Pflanzennahrung für die verbleibenden Hasen. Dieses Gleichgewicht wird zwar immer wieder durch

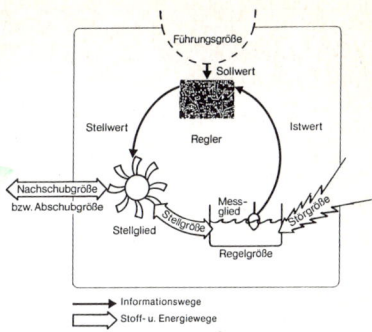

Negative Rückkoppelung durch einen Regelkreis mit den wichtigsten Standardbezeichnungen. Über Störgröße, Nachschubgröße und Sollwert ist das System mit der Außenwelt verbunden.

Wachstum und Fortpflanzung (positive Rückwirkung) gestört, was aber durch die vernetzten Regelkreise wieder abgefangen wird. Dies bezeichnet man als »ökologisches Gleichgewicht«.

Da in vielen Fällen direkte Rückwirkungen, wie hier, nicht vorhanden sind, benutzen Lebewesen sehr häufig indirekte Wege der Rückwirkung: die sogenannte »Rückkoppelung« über spezielle Informationskanäle. Die Größen wirken hier nicht direkt, sondern mittels Nachrichten aufeinander. Wir haben damit den klassischen Regelkreis der Techniker vor uns, der eigentlich ein Spezialfall des allgemeinen Regelkreises ist.

Ein solcher Regelkreis ist ein in sich geschlossener Kreislauf von Informationen, die zum Teil alleine, zum Teil mit dem Materie- oder Energiestrom übertragen werden.

Ist der Gleichgewichtszustand durch

Zum Ausprobieren

Man liegt in der Sauna, entspannt sich und denkt an nichts. Es herrscht eine Temperatur von 90° Celsius, aber wir fühlen uns wohl und genießen es. Wie ist das möglich? Weil unser Körper mit einem höchst effektiven Mechanismus daran arbeitet, diese Hitze auszugleichen. Denn wenn er nichts gegen eine immer weitere Aufhitzung täte, wären wir innerhalb kurzer Zeit tot.

Der Körper wirkt mit Höchstleistung an verschiedenen Einsatzorten und über eine exakt eingespielte Organisation. Dazu gebraucht er wie jeder lebende Organismus eine Wunderwaffe gegen Störungen: das System seiner Regelkreise.

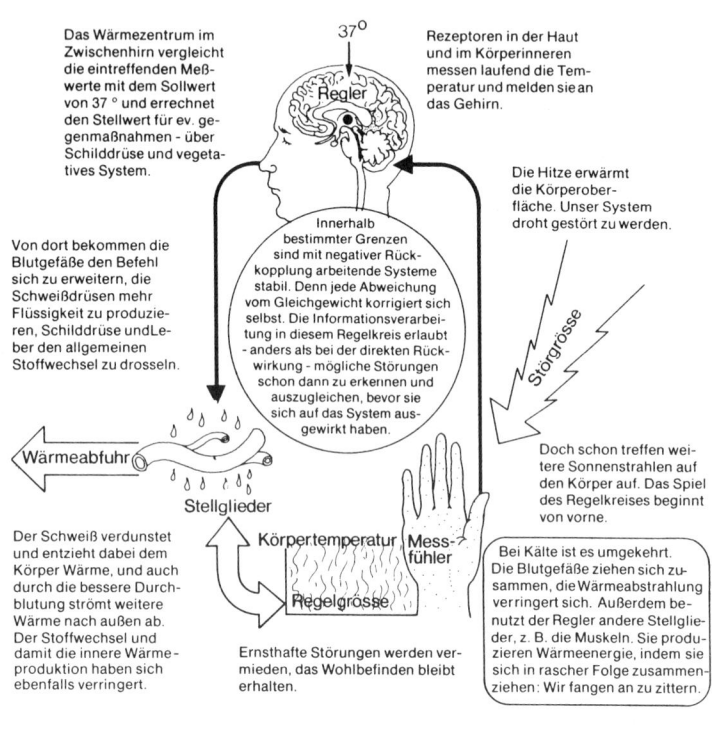

Das Wärmezentrum im Zwischenhirn vergleicht die eintreffenden Meßwerte mit dem Sollwert von 37 ° und errechnet den Stellwert für ev. gegenmaßnahmen - über Schilddrüse und vegetatives System.

37°

Regler

Rezeptoren in der Haut und im Körperinneren messen laufend die Temperatur und melden sie an das Gehirn.

Von dort bekommen die Blutgefäße den Befehl sich zu erweitern, die Schweißdrüsen mehr Flüssigkeit zu produzieren, Schilddrüse und Leber den allgemeinen Stoffwechsel zu drosseln.

Innerhalb bestimmter Grenzen sind mit negativer Rückkopplung arbeitende Systeme stabil. Denn jede Abweichung vom Gleichgewicht korrigiert sich selbst. Die Informationsverarbeitung in diesem Regelkreis erlaubt - anders als bei der direkten Rückwirkung - mögliche Störungen schon dann zu erkennen und auszugleichen, bevor sie sich auf das System ausgewirkt haben.

Die Hitze erwärmt die Körperoberfläche. Unser System droht gestört zu werden.

Störgrösse

Doch schon treffen weitere Sonnenstrahlen auf den Körper auf. Das Spiel des Regelkreises beginnt von vorne.

Wärmeabfuhr

Stellglieder

Körpertemperatur Messfühler

Regelgrösse

Der Schweiß verdunstet dabei dem Körper Wärme, und auch durch die bessere Durchblutung strömt weitere Wärme nach außen ab. Der Stoffwechsel und damit die innere Wärmeproduktion haben sich ebenfalls verringert.

Ernsthafte Störungen werden vermieden, das Wohlbefinden bleibt erhalten.

Bei Kälte ist es umgekehrt. Die Blutgefäße ziehen sich zusammen, die Wärmeabstrahlung verringert sich. Außerdem benutzt der Regler andere Stellglieder, z. B. die Muskeln. Sie produzieren Wärmeenergie, indem sie sich in rascher Folge zusammenziehen: Wir fangen an zu zittern.

einen Störfaktor, die *Störgröße,* verändert, dann gibt der Regler eine entsprechende Anweisung (den *Stellwert*) an das *Stellglied* weiter, welches dann die Störung behebt. Das zu regelnde System ist auf diese Weise mit sich selbst rückgekoppelt. Stellt das Meßglied einen zu hohen Wert fest, so wird dieser verringert. Ist der Wert zu niedrig, so wird er erhöht: negative Rückkoppelung.

Nun richtet sich aber auch der Regler selbst wieder nach einem *Sollwert,* der ihm von einer *Führungsgröße* vorgegeben wird. Dieser Sollwert kann seinerseits veränderlich sein, indem er zum Beispiel selbst wieder von der Regelgröße eines anderen Regelkreises abhängt. Dessen Ist-Wert mag wiederum der Stellwert eines dritten Regelkreises sein usw. So hängen in der Realität viele Regelkreise als vernetztes System zusammen.

Beispiele für eine Regelung durch negative Rückkoppelung finden wir beim Einstellen bestimmter Hormonkonzentrationen durch unser vegetatives Nervensystem, bei der Regelung des Wasserstandes durch ein Kanalsystem, der Benzinzufuhr durch den Schwimmer im Vergaser, beim Gleichlauf einer Turbine durch einen Fliehkraftregler, bei der Blutdruck- und Blutzuckerregelung und bei der Einhaltung der Körpertemperatur eines Lebewesens.

Qualitatives Wachstum bietet für ein System große Entfaltungsmöglichkeiten. Quantitatives Wachstum dagegen nur die Monotonie einer sich ausdehnenden Bewegung. Den Unterschied zwischen diesen beiden Arten des Wachstums erfährt man an zwei mit Flüssigkeit gefüllten Gefäßen. In dem einen kann man eine Flüssigkeitssäule nur ansteigen und wieder abfließen lassen. In dem anderen Gefäß, einem »Fließbild« (mit zwei durch Lamellen getrennten Flüssigkeitsfilmen) bleibt die Menge gleich, während aus den Bestandteilen immer neue Formen und Farben erwachsen.

Es gibt ein Naturgesetz: Je höher die Funktion, desto geringer das quantitative, das Mengenwachstum. So entsteht eine der höchsten Funktionen, nämlich Intelligenz, nicht durch Wachstum von Gehirnzellen, sondern im Gegenteil erst dann, wenn sie aufgehört haben, sich zu vermehren, und zwar durch ihre Organisation und Differenzierung.

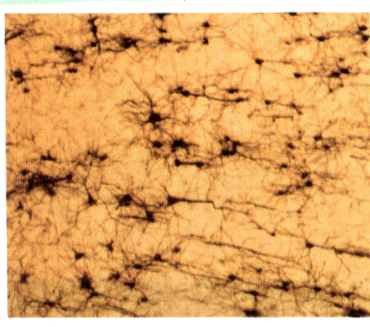

Ausschnitt aus der menschlichen Hirnrinde (200:1).

Damit das Denken möglichst früh beginnen kann, ist das Wachstum der 15 Milliarden Gehirnzellen eines Menschen und ihrer Verbindungsfasern von 500 000 Kilometern (!) Gesamtlänge in der Tat schon nach der Säuglingszeit praktisch abgeschlossen. (Vergleiche auch Kapitel 27.) Fazit: Der menschliche Organismus ist klüger als die Industriegesellschaft; er hört rechtzeitig auf zu wachsen!

Viele Zweige unserer Wirtschaft haben sich in der Tat mit Haut und Haaren dem eindimensionalen quantitativen Wachstum verschrieben. Ein Wachstum, welches vorübergehend und zu bestimmten Zeiten (Wiederaufbau, Übergänge auf andere Wirtschaftsformen) durchaus sinnvoll sein mag, das jedoch unweigerlich zum Bankrott führt, wenn es nicht bald wieder in ein stabiles Fließgleichgewicht und damit in *qualitatives* Wachstum übergeht.

Soll ein System langfristig funktionieren und größte Freiheit der Entfaltung für seine Individuen bieten, so gelingt dies also nur durch rechtzeitiges Umschwenken vom quantitativen Mengenwachstum auf ein qualitatives Wachstum in Struktur und Gestalt.

Nur ein solches Wachstum ist frei von Zwängen, jederzeit an Umweltveränderungen anpassungsfähig und von entsprechend geringer Störanfälligkeit – ganz abgesehen davon, daß es sich im Gegensatz zum quantitativen oder gar exponentiellen Wachstum (vergleiche Kapitel 7, 9 und 12) nicht selbst »das Wasser abgräbt«.

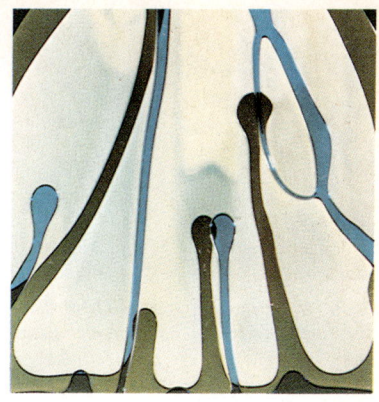

Qualitatives Wachstum in einem Fließbild.

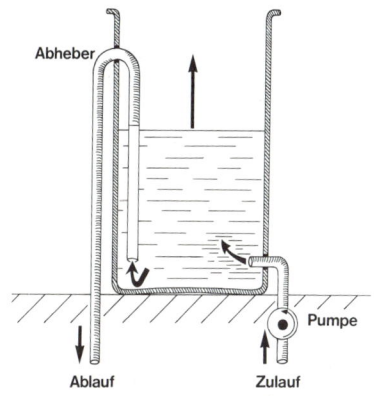

Quantitatives Wachstum durch Wasserzufuhr.

Kurbelt man – etwa in einem Glaszylinder – das Wachstum an, indem man Wasser hinzupumpt, so steigt dort nur die Flüssigkeitssäule an – bis zum Überlaufrohr. Das Gefäß läuft leer, und es geht wieder von neuem los. Sonst ändert sich nichts. Dies entspricht quantitativem Wachstum.

Genauso wächst ein Sparkonto, der Umsatz einer Firma, die Einwohnerzahl einer Stadt – und nicht zu-

letzt jedes Krebsgewebe (siehe die Abbildungen auf der nächsten Seite oben).

Läßt man dagegen in dem erwähnten farbigen »Fließbild« lediglich die Schwerkraft auf die beiden Flüssigkeitsfilme wirken, so »wächst« – obgleich die Flüssigkeitsmenge gleichbleibt – ununterbrochen eine Vielfalt von Formen und Farben heran. Dies entspricht qualitativem Wachstum.

So »wächst« eine Raupe zum Schmetterling, eine leere Leinwand

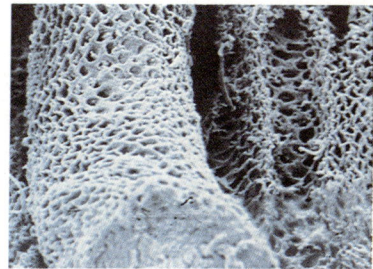

Oberfläche der Darmschleimhaut (300:1).

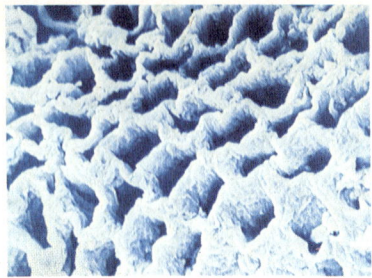

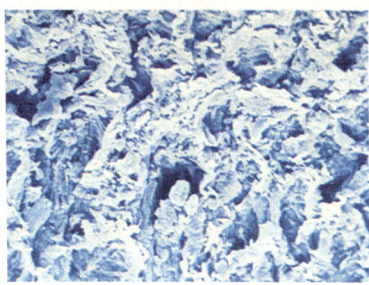

Blick auf die geordneten Zellverbände einer normalen Darmschleimhaut (800:1).

Die Zerstörung der Schleimhautstruktur bei einem rasch wachsenden Dickdarmkarzinom (800:1).

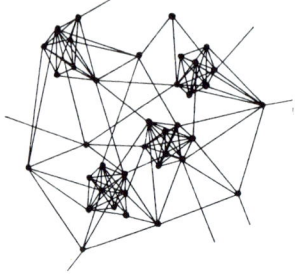

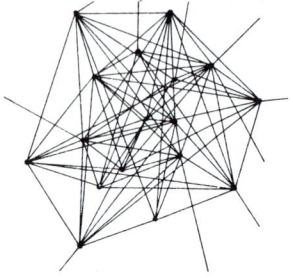

Strukturierte Vernetzung

Unstrukturierte Vernetzung

zum Gemälde, »wachsen« Buchstaben zu einem Gedicht.

Die Stabilität und Überlebensfähigkeit eines Systems verlangt – gerade wenn es größer wird – nicht blindes mengenmäßiges Wachstum mit einer chaotischen Vernetzung, sondern die Bildung von Teilsystemen mit einer übergeordneten Struktur.

Offensichtlich hat sich deshalb auch das Leben auf dieser Erde nicht als ein durchgehender Plasmahaufen auf dem Globus ausgebreitet, sondern zu einer Vielfalt von Arten entwickelt – strukturiert in einzelne Individuen, Organe, Gewebe und Zellen (vergleiche Kapitel 3).

Auf dem Wirtschaftssektor bedeutet qualitatives Wachstum eine ständige Sanierung des Gesamtsystems durch innere Neustrukturierung. Es bedeutet Kleinräumigkeit statt Gigantomanie, eine Vielfalt von Untersystemen statt Monotonie und die Schaffung von Teilsystemen, die ihre Probleme durch Selbststeuerung meistern können, ohne andere Systeme – vor allem das biologische System des Menschen – zu beeinträchtigen. Nur dann sind auch diese Systeme letztlich profitabel. Das betrifft die Entwicklung von Transportsystemen und Wirtschaftszweigen ebenso wie diejenige der Energieversorgung oder die Entwicklung

Der Ferienort Saas Fee.

einzelner Gemeinden. Berühmte Urlaubsziele wie Saas-Fee und Saint-Tropez können nur so auch in Zukunft attraktive Ferienorte bleiben.

Denn Lebensqualität und Attraktivität einer Gemeinde werden nicht durch die Menge ihrer Häuser, sondern durch deren Funktion, Gestaltung und Anordnung im Gesamtsystem bestimmt. Nur so halten sich Bettenkapazität und -nachfrage die Waage.

Höhere Lebensqualität läßt sich gerade hier nicht durch bloßes Mengenwachstum erreichen – zum Beispiel durch verstärkten Wohnungsbau, Hotelpaläste und mehr Apartmenthäuser. Hier liegt der Irrtum vieler Politiker und Wirtschaftler, die meinen, ein »Mehr« sei schon ein »Besser«. Nur allzuoft kann dies

Eine wachsende Gemeinde in Niederbayern.

auch für die Gemeinden – durch rückläufige Nachfrage bei wachsenden Folgekosten – nach einem kurzen Boom ins Chaos führen. Die steigende finanzielle Verschuldung unzähliger Gemeinden hat dies schon zur Genüge bewiesen.

Teil 4

Wenn man Zusammenhänge mißachtet

Betrachtet man die Dinge nur in ihrem engeren Umkreis – auch wenn man sie noch so genau erfaßt –, so werden wichtige Wechselwirkungen durch den zu engen Horizont durchschnitten. Wirkungen, die erst im größeren Systemzusammenhang sichtbar werden.

Rückschläge und Zwänge treten auf, deren Hintergrund wir nicht oder zu spät erkennen. Wir verstricken uns in Teufelsspiralen, weil unser Horizont auf Ressorts, auf Branchen und auf Fachbereiche beschränkt ist und das eigentliche Geschehen und seine Gesetzmäßigkeiten nicht erkennt.

12. Wachstumskurven
Unvernetztes Denken bei der Systementwicklung

Wachstumsvorgänge sind zunächst die Folge von positiver Rückkoppelung. Solange das System selbst sein Wachstum kontrolliert, führt dies unter allmählicher Verlangsamung zu einem Grenzwert, zum Beispiel beim Wachstum des Menschen. Der s-förmige Verlauf dieses organischen Wachstums entspricht einer sogenannten logistischen Kurve.

Durch Übersteuerung oder Ausschaltung von Gegenreaktionen werden die Grenzwerte oft überschritten. Man gerät an neue Grenzwerte – oft an solche eines übergeordneten Systems –, was weit weniger sanfte Gegenreaktionen auslöst. Starke Schwingungen treten auf – man denke zum Beispiel an den Schweinezyklus –, und man kommt ins Schleudern. Ohne übergeordnete Kontrolle – zum Beispiel beim künstlichen Aufheben von Grenzwerten – führt jedes Wachstum zur Katastrophe. Das System bricht zusammen – wie nach der Leistungssteigerung eines Sportlers durch Doping: Die exponentielle Wachstumskurve führt in einem steilen Knick nach unten.

Logistisches Wachstum

Das Prinzip des organischen Wachstums: Seine Besonderheit ist, daß es nur vorübergehend auftritt und den nächsten Wachstumsstopp schon in sich trägt – zum Beispiel beim menschlichen Organismus,

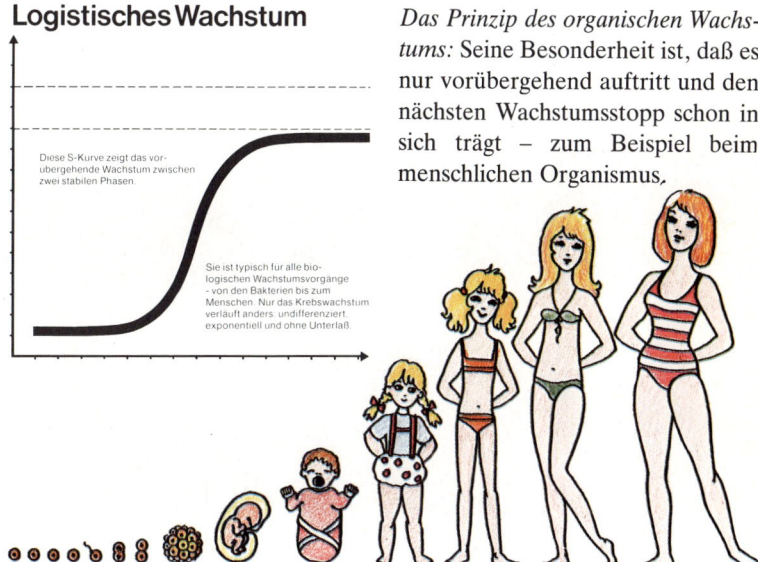

Diese S-Kurve zeigt das vorübergehende Wachstum zwischen zwei stabilen Phasen.

Sie ist typisch für alle biologischen Wachstumsvorgänge – von den Bakterien bis zum Menschen. Nur das Krebswachstum verläuft anders: undifferenziert, exponentiell und ohne Unterlaß.

Die Kurve zeigt das vorübergehende Wachstum zwischen zwei stabilen Phasen. Sie ist typisch für alle biologischen Wachstumsvorgänge.

Nach einer langen »stationären« Phase im Keimzustand löst die Befruchtung vorübergehend ein exponentielles Wachstum aus.

Rasch wächst der Embryo heran. Doch schon vor der Geburt beginnt die Kurve wieder flacher zu werden und erreicht unter immer stärkerer Differenzierung des Lebewesens dann schließlich ihren Grenzwert.

Der Mensch ist »erwachsen«. Eine neue stationäre Phase ist erreicht: ein Fließgleichgewicht, bei dem genauso viele Zellen absterben wie jeweils neu entstehen.

Das Prinzip des Doping: Durch Training läßt sich Leistung steigern – normalerweise bis zum Grenzwert der physischen Belastbarkeit des Organismus.

Versucht man diese Grenze zu verschieben, zum Beispiel durch Doping, so erreicht man eine neue Grenze – und die führt häufig zum kompletten Zusammenbruch.

Der Radrennfahrer Knud Jensen starb 1960 auf der Olympiade in Rom, der Tour-de-France-Fahrer Tom Simpson 1967 beim Aufstieg auf den Mont Ventoux – der eine mit Hilfe des Dopingmittels Ronical, der andere unter dem Einfluß von Onidine.

Exponentielles Wachstum

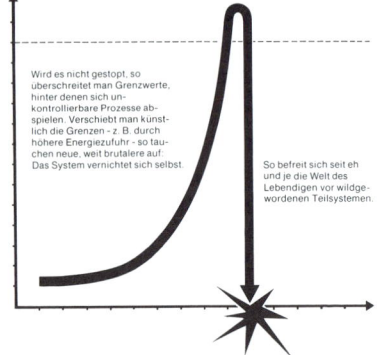

Wird es nicht gestopt, so überschreitet man Grenzwerte, hinter denen sich unkontrollierbare Prozesse abspielen. Verschiebt man künstlich die Grenzen - z. B. durch höhere Energiezufuhr - so tauchen neue, weit brutalere auf: Das System vernichtet sich selbst.

So befreit sich seit eh und je die Welt des Lebendigen vor wildgewordenen Teilsystemen.

Die Sache mit dem Doping: Umsatz steigern – Rekorde brechen – mehr, schneller, höher! Wie zum Beispiel im Hochleistungssport. Dies bedeutet exponentielles Wachstum. Wird es nicht gestoppt, so überschreitet man Grenzwerte, hinter denen sich nicht mehr kontrollierbare Prozesse abspielen.

Insgesamt sollen rund 1000 Radrennfahrer durch Doping den Tod gefunden haben. Nach den strengen Kontrollen ab 1968 sind dann keine Todesfälle mehr durch Doping bekannt geworden.

Was taten die Opfer dieser Rekordsucht? Sie hoben die natürliche Leistungsgrenze auf und stießen ihren Organismus in eine Zone nicht mehr korrigierbarer Vorgänge. Eine neue Grenze, die des tödlichen Zusammenbruchs, war erreicht.

Das Prinzip des Kartoffelzyklus: Wenn Kartoffeln knapp sind, gehen die Preise hoch. Immer mehr Bauern pflanzen nun Kartoffeln an. Das System beginnt zu übersteuern.

Schon bald gibt es die Kartoffelschwemme: Der Grenzwert des Bedarfs wird überschritten, und die Preise beginnen rapide zu fallen. Man reagiert verspätet, doch dafür um so heftiger: Ernten werden vernichtet, um die Preise zu halten, und kaum einer pflanzt noch Kartoffeln an.

Doch wieder hat man übersteuert. Kartoffeln werden jetzt vielleicht noch knapper und viel teurer als das erste Mal. Und erneut reagieren die Bauern: Forcierter Anbau folgt. Der Markt wird überschwemmt, die Preise fallen diesmal in den Keller.

Zyklisches Wachstum

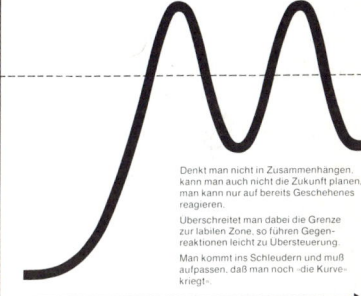

Denkt man nicht in Zusammenhängen, kann man auch nicht die Zukunft planen, man kann nur auf bereits Geschehenes reagieren.

Überschreitet man dabei die Grenze zur labilen Zone, so führen Gegenreaktionen leicht zu Übersteuerung.

Man kommt ins Schleudern und muß aufpassen, daß man noch »die Kurve kriegt«.

Die Sache mit dem Kartoffelpreis. Wenn Kartoffeln knapp sind, gehen die Preise hoch. Immer mehr Bauern pflanzen nun Kartoffeln an. Wenn man nur auf Ereignisse reagiert ohne die Zusammenhänge zu beachten, führen die Reaktionen leicht zur Übersteuerung. Man kommt ins Schleudern.

Während hier eine übergroße britische Tomatenernte wegen Transportschwierigkeiten vernichtet werden mußte, geht es in anderen Fällen von Nahrungsmittelvernichtung meist darum, das Angebot zu verringern, um die Preise hoch zu halten.

Einige Bauern stehen vor dem Ruin.

Der Staat greift »antizyklisch« in die Berg-und-Talfahrt ein, um schlimmere Katastrophen zu vermeiden. Fazit: Verluste für alle, für Verbraucher, Produzenten und Staat!

Die Vernichtung von Nahrungsmitteln, um die Preise zu halten, ist eine häufig geübte antizyklische Praxis – wenn man Zusammenhänge mißachtet hat.

Übrigens: Die Zuwendungen an öffentlichen Mitteln zum Abfangen der Produktionsüberschüsse betragen in manchen Jahren über 80 Prozent der Gesamtzuwendungen für die Landwirtschaft.

Zum Ausprobieren

Sie werden sich noch an das Experiment mit der Farbvideokamera im Kapitel 9 erinnern. Es gibt folgende Erklärung für das Pulsieren des Bildes: Der bereits vorhandenen positiven Rückkoppelung ist eine negative Rückkoppelung übergeordnet. Es ist dies die automatische Blendensteuerung der Kamera, die verhindern soll, daß die Aufnahme überbelichtet wird. Diese Steuerung setzt jedoch offensichtlich etwas verzögert ein, wodurch es zu einer Übersteuerung und damit zum beschriebenen antizyklischen oder Schleuderverhalten kommt.

13. Das faule Ei des Kolumbus
Unvernetztes Denken in der Energiepolitik

Eindimensionales Denken beengt nicht nur unseren Horizont, sondern führt auch oft in die Irre. Man kann ein Problem noch so genau und von so vielen Seiten betrachten, wie man will, solange man seine Wechselwirkungen nicht als Ganzes sieht, stellt sich das Problem falsch dar. Man kommt zu Scheinlösungen, die meist kostspielig sind und dem eigentlichen Anliegen letztlich sogar zuwiderlaufen – wie in der Energieversorgung.

Unvernetztes Denken ist sehr beliebt, denn es ergibt einfache Antworten. Sie sind bequem, weil ungetrübt durch indirekte Folgen und Rückwirkungen im Gesamtsystem. Doch sie sind auch trügerisch und darum gefährlich, weil man auf diese Weise niemals ein zutreffendes Bild der vernetzten Wirklichkeit erhält. Ein aktuelles Beispiel bietet die Kernenergie.

Man hört zwar viel von den umstrittenen Sicherheitsfragen und der gewaltigen Hypothek sich aufstapelnder radioaktiver Abfälle. Schon weniger spricht man von dem später einmal nötigen umfassenden Polizeischutz gegen eine neue Dimension von Sabotage- und Terrorakten mit all ihren Folgen für unsere Demokratie und am wenigsten von den riskanten volkswirtschaftlichen Konsequenzen einer forcierten Kernenergiepolitik.

Viel mehr hört man von den Vorteilen des Atomstroms:

– Geringere Umweltbelastung als bei fossilen Kraftwerken: Die 180000 Tonnen Schwefeloxide,

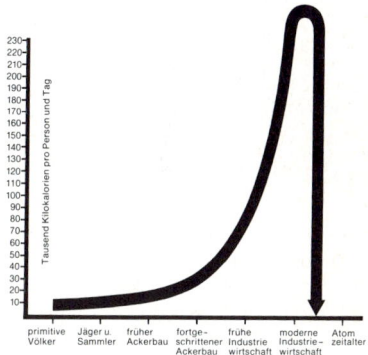

Täglicher Pro-Kopf-Verbrauch von Energie in verschiedenen Zivilisationsstufen. Auch die Energieabhängigkeit kann Grenzwerte überschreiten, die ein System zerstören. Bevor das Atomzeitalter richtig begonnen hat, wird es wohl so oder so zu Ende sein.

26000 Tonnen Stickoxide und 650 Tonnen Kohlenmonoxid, die zum Beispiel ein mittleres Kohlekraftwerk pro Jahr abgibt, entfallen hier.

– Der elektrische Strom wird billiger.

– Der Transport und die Lagerhaltung vereinfachen sich: 1 Kilogramm Uran entspricht 16000 Kilogramm Kohle.

– Die gut 90-prozentige Abhängigkeit von den erdölfördernden Staaten wird drastisch verringert.
– Der Kraftwerkbau schafft Arbeitsplätze: 6500 Mann arbeiten 6 Jahre an einem Kernkraftwerk von der Größe von Biblis A.
– Die Wirtschaft hat keine Energiesorgen mehr.

Fazit: Das Ei des Kolumbus – ein Gesamturteil, das sich jedoch an Einzelargumenten orientiert. Wie sehr es sich wandelt, sobald man die Dinge im Systemzusammenhang sieht, zeigt die Abbildung auf Seite 79.

Und so sieht die Wirklichkeit aus, wenn man die Vorteile des Atomstroms im Systemzusammenhang betrachtet:

– Bereits heute haben wir ein Stromüberangebot, welches unsinnigerweise noch weiter hochgeschaukelt würde.
– Anstelle langfristig nutzbarer kybernetischer Technologien wird eine veraltete energieintensive Folgeindustrie und damit auch deren Umweltbelastung begünstigt. Das bedeutet noch raschere Erschöpfung der Rohstoffvorräte, stärkere Abhängigkeit von Energiekrisen und von uranliefernden Ländern, Einengung der freien Marktwirtschaft.
– Das schon heute überhöhte Energie-/Arbeitsplatz-Verhältnis wird durch energieintensive Verfahren, die weitere Rationalisierung erfordern, noch ungünstiger, so daß in kurzer Zeit ein Vielfaches

New York bei Nacht – ein Beispiel für ein stark energieabhängiges System.

78

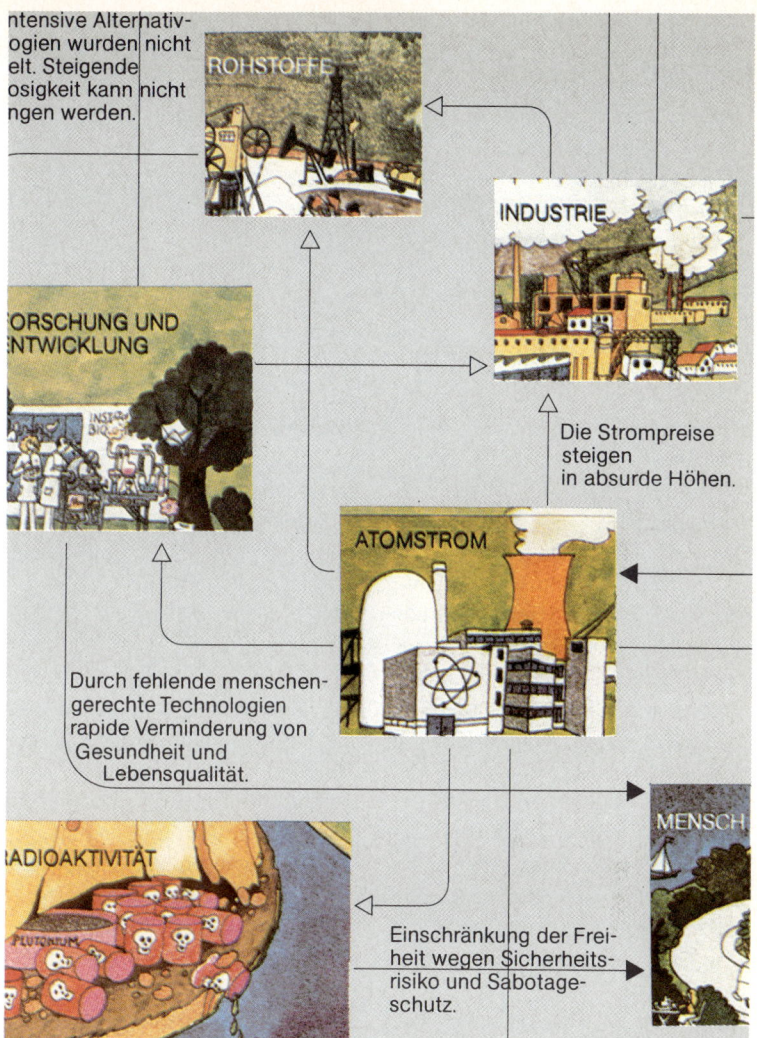

Die Atomstromfrage im Systemzusammenhang (Ausschnitt aus dem Energiebilder-
buch ›Das Ei des Kolumbus‹).

    der vorübergehend für den Bau
der Kraftwerke gewonnenen Arbeitsplätze verlorengeht.
– Die so notwendige Entwicklung
dauerhafter Energieerzeugungs-
systeme – und das können ausschließlich solche auf der Basis
regenerativer Quellen wie der
Sonnenenergie sein – dürfte dann
weiterhin durch die fast aus-

schließliche Förderung der Kerntechniken blockiert werden. Sie würden dann, wenn der Atomstrom einmal versiegt ist, nicht zur Verfügung stehen.

– Die Abhängigkeit von einer unnötig hohen, nur kurze Zeit währenden Energieerzeugung könnte die Wirtschaft bei Versiegen oder Blockieren dieser Quelle schlagartig zusammenbrechen lassen. Eine vorauszusehende Systementwicklung, vor der unvernetzt denkende Technokraten, Wirtschaftler, Politiker und Gewerkschaftler bisher die Augen verschließen.

Das absolute Kosten-Nutzen-Verhältnis der Kernenergie beginnt dem Spuk jedoch bereits ein Ende zu machen. Die Franzosen, lange Zeit beneidet wegen ihres raschen Nuklearausbaus, sind pleite. Die staatliche Elektrizitätsgesellschaft EDF steht mit 120 Milliarden Franken in der Kreide. Die Bosse der Tennessee Valley Authority, des größten Energieunternehmens der Welt, haben das Atomprogramm praktisch gestoppt, zum Teil sogar fertige Reaktoren stillgelegt, weil sie sich nicht lohnten.

Auf die Frage, ob sie glauben, daß bis zum Jahre 2000 in den USA noch irgendwo ein Kernkraftwerk gebaut würde, antworteten alle – Bauherren, Unternehmer, Politiker und Stromerzeuger – in einem Fernsehinterview Anfang 1983 unisono mit: »absolutely not«.

Wissenschaftler aus verschiedenen Ländern haben auf einem Symposium in Hannover im März 1983 Zweifel am wirtschaftlichen Nutzen der Wiederaufbereitung von abgebrannten Kernbrennstoffen geäußert. Nach übereinstimmenden Erkenntnissen aus der Anhörung liegen – nach einem Bericht der Presseagentur Reuter – die volkswirtschaftlichen Verluste bei einem Kernkraftwerk mit allen Folgeeinrichtungen bei 50 bis 60 Milliarden Mark, 20 Prozent davon entfielen allein auf eine Wiederaufbereitungsanlage.

Die Kosten aus dem Atomstrom würden selbst dann noch die Kosten des Kohlestroms bei weitem übertreffen, wenn in Kohlekraftwerken perfekte Entschwefelungsanlagen eingebaut würden. Arbeitsstellen in einer Wiederaufbereitungsanlage würden pro Platz Millionen kosten, im Vergleich dazu gilt heute in der Industrie ein Arbeitsplatz mit Investitionen von mehreren 100 000 Mark bereits als sehr teuer.

Wirkungen, die sich gegenseitig aufschaukeln, sind der Motor des Lebens. Sie müssen jedoch immer in eine übergeordnete Regulation eingebaut sein, sonst entwickeln sie sich zu Teufelsspiralen und zerstören entweder sich selbst oder gar das System, dessen Teil sie sind.

Nicht wenige Bereiche unserer heutigen Volkswirtschaft zeigen Wechselwirkungen mit positiver Rückkoppelung (vergleiche Kapitel 9). Dadurch kommt es zu Erscheinungen wie der Lohn-Preis-Spirale, die sich beim geringsten Anstoß aufschaukeln. Einige dieser Bereiche sind in der Grafik auf Seite 82 herausgegriffen, so wie sie von der klassischen Wirtschaftstheorie im Schoße der vielfach noch herrschenden (wenn auch von der Praxis längst überholten) Wachstumsideologie gesehen werden.

Selbstverständlich sind diese Bereiche in der Wirklichkeit noch mit anderen Kreisprozessen verbunden, solchen, die einer *negativen* Rückkoppelung und damit einer gewissen Selbstregulation gehorchen. Wäre dies nicht der Fall, so würde unsere Wirtschaft längst nicht mehr funktionieren.

Gerade für diese Dinge sollten wir unseren Blick schulen. Denn eindimensionale Bestrebungen, die diese Vernetzung mißachten, führen meist nur zu kurzfristigen Verbesserungen unter der Gefahr entsprechender Rückschläge oder gar eines weiteren Aufschaukelns der Teufelskreise.

Je mehr wir uns an die Wachstumsideologie klammern, desto schmerzhafter werden die Rückwirkungen der dann auftretenden Regelprozesse sein, wie Rohstoffknappheit, Umweltverschmutzung, Leistungsabfall, steigende Soziallasten und nicht zuletzt Arbeitslosigkeit als Folge des steigenden Energie-pro-Arbeitsplatz-Quotienten. Hätten wir nicht die Chance, mit einem neuen vernetzten Denken und mit kybernetischen Technologien aus den Teufelskreisen nach und nach auszubrechen, so würden schließlich übergeordnete Regelprozesse einsetzen, die unsere Gesellschaft zerstören könnten. So wie dies in Einzelbranchen (Stahl, Schiffsbau) und Einzelregionen (Saar, Bremen) inzwischen schon der Fall ist.

Die freie Marktwirtschaft gibt uns Möglichkeiten, schon vorher Mechanismen der Selbststeuerung einzusetzen. Zum Beispiel einen progressiven Energiepreis, der automatisch Arbeitsplätze schafft, oder die Ankurbelung kleinräumiger, dezentralisierter Dienstleistungen; Ein-

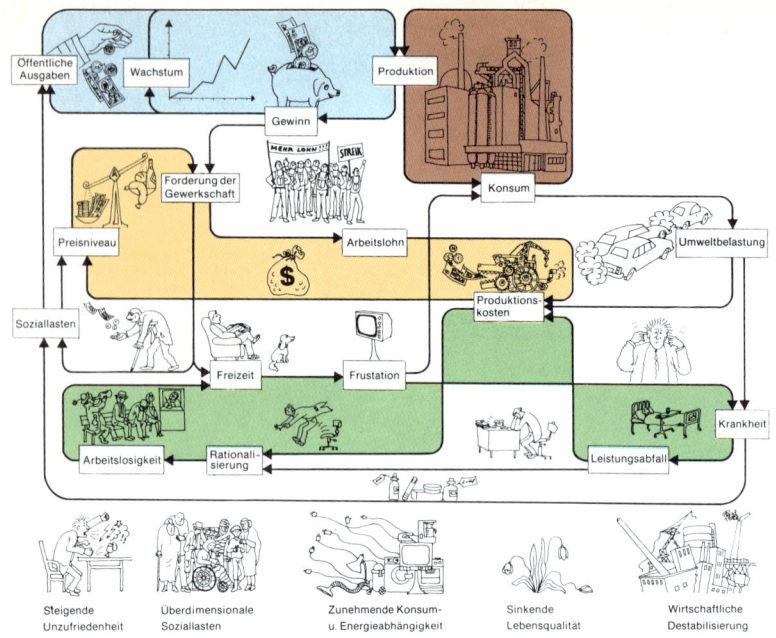

Die freie Marktwirtschaft gibt uns Möglichkeiten, Mechanismen der Selbststeuerung einzusetzen, um aus den Teufelskreisen auszubrechen.

richtungen der mittleren Technologie wie Wärmepumpen, Sonnendächer, Recyclinganlagen, kybernetische und Biotechnologien – unter Einsatz all jener kleinen Energie- und Wärmeproduzenten aus den unterschiedlichsten Unternehmensbereichen, wo etwa 20000 Megawatt (das entspricht ca. 30 Prozent des bundesdeutschen Spitzenverbrauchs) brachliegen, deren Nutzung zur Zeit noch von den Elektrizitätsmonopolen hintertrieben wird,

so als gelte es, die Teufelsspiralen um jeden Preis aufrechtzuerhalten.

Ähnlich in der Agrarwirtschaft, die in ihrer jetzigen Form in den Ruin führen muß, wo jedoch – man höre und staune – der Präsident des Bauernverbandes, Heeremann, ebenso wie der ehemalige Landwirtschaftsminister Ertl in kurzsichtiger Technokratenmanier noch im März 1983 vor einer Kreislaufwirtschaft sogar öffentlich gewarnt haben!

Teil 5

Wie man Zusammenhänge verstehen lernt

Wenn man einige Teile eines Systems kennt und weiß, *was wie* mit *wem* zusammenhängt, so kann man daraus schon eine Menge über das System erfahren: über seine Stabilität, seine Entwicklungsmöglichkeit und über die Bedeutung einiger seiner Elemente als Regler, Grenzwert oder Stellglied. Doch wie sich im einzelnen ein solches Wirkungsgefüge verändert, läßt sich nicht vorhersagen, weil jedes System offen und somit ständigen Störungen ausgesetzt ist. Es entstehen Rückkoppelungen und damit Zeitverzögerungen, die auch bei genau dosierten Eingriffen in ein vernetztes System nur durch Ausprobieren zu erkennen sind.

Zum Glück kann man den Ablauf vieler Vorgänge statt in der rauhen Wirklichkeit auch im Modell durchspielen. Man kann sie simulieren. Dabei erfährt man als erstes, daß ein Eingriff nur selten dort endet, wofür man ihn ansetzt, sondern daß er meist in eine Kettenreaktion von Ereignissen übergeht, die den verschiedenartigsten Regelkreisen angehören.

Nicht nur unüberlegte Eingriffe haben somit ihre Tücken, auch ihre Korrektur ist schwierig – erfolgt sie zur falschen Zeit, so kann auch sie sich wieder in ihr Gegenteil verkehren.

15. Das Mehrfachpendel
Wirkung von Zeitverzögerungen

Ein Pendel wird in einer bestimmten Richtung in Bewegung gesetzt. Durch Federn überträgt sich die Schwingungsenergie auf das nächste Pendel, von dort wieder auf ein weiteres, bis irgendwann die Bewegung auf das erste Pendel zurückwirkt, das sich nun sogar in einer anderen Richtung bewegen kann als ursprünglich beabsichtigt. (Vergleiche die Abbildung auf Seite 86, die das Modell der Ausstellung zeigt, mit dem der Besucher solche Effekte selbst nachvollziehen kann.)

Die einzelnen Pendel symbolisieren bestimmte Lebens- und Wirtschaftsbereiche und sind als solche gekennzeichnet: Liebe, Geld, Gesundheit, Arbeit und Freizeit. Man erfährt so am Spiel der Pendel, wie Wirkungen in Systemen übertragen werden, vorübergehend ihre Spur verwischen, woanders wieder auftauchen und – irgendwann auf meist überraschende Art zurückwirken. So kann man sich auf plastische Weise die Wirkung von Investitionen – und Fehlinvestitionen –, von Spätfolgen und Zeitverzögerungen vor Augen führen und nicht zuletzt die Unmöglichkeit, in einem sich ständig wandelnden dynamischen System den Lauf der Dinge noch einmal zurückzudrehen.

In unserer Welt gibt es viele solche »Mehrfachpendel«. Stößt man eines an, so ist zunächst die Wirkung nur hierauf beschränkt – das übrige System scheint unberührt. Doch bald beginnen andere Teile auch zu »pendeln«. Dann, irgendwann, kommt unser erstes Pendel ganz zur Ruhe – aber seine Energie wirkt längst woanders weiter, ohne daß sie jetzt noch ihre Herkunft preisgibt.

Eine neue Phase ist eingetreten. Die Eigendynamik des Systems hat das Geschehen in die Hand genommen. Und natürlich wird auch irgendwann – mit Zeitverzögerung – unser erstes Pendel wieder in das Spiel mit einbezogen. Als Rückwirkung seines eigenen Tuns, nach Verwandlung, nach Metamorphose, geprägt durch den Charakter des Systems.

So wie die Liebe und die Freundschaft, die man gibt, oft lange später

wieder in anderer Weise auf einen zurück- und weiterwirken.

So wie jede sinnvolle Investition, zum Beispiel in eine gute Ausbildung oder in die Erforschung und Entwicklung neuer technischer Möglichkeiten, sich eines Tages bezahlt macht.

Und genauso wie beim Mehrfachpendel tragen alle Investitionen, im privaten wie im wirtschaftlichen Bereich, wenn auch oft spät und von unerwarteter Seite, ihre Früchte. Natürlich auch im Negativen. Etwa im sozialen Bereich, wo die Bereicherung des Familienlebens durch Einführung des Fernsehens nun wieder Spätfolgen von ganz anderer Seite zeigt. Oder im medizinischen

Bereich, wo die Wirkungen einer zerstörerischen Lebensweise über verschiedene Umwege schließlich in Kreislaufschäden, Krebs, Organzerfall oder psychische Erkrankungen enden.

Genauso ist es, wenn wir unbekümmert unsere Umwelt belasten. Die Spätfolgen sind praktisch die gleichen. Nur heißen sie hier statt Kreislaufschäden Verkehrschaos, statt Krebs Zersiedlung, statt Organzerfall zerstörte Böden und Gewässer und statt multikausaler Neurosen vielleicht Waldsterben.

Und negativ sind nicht zuletzt die Fälle, wo Zeitverzögerungen durch Umwege entstehen: durch zusätzlich ins System gebrachte Pendel – wie diejenigen der Bürokratie. Hier sind dann die hineingesteckten Impulse durch Reibung längst vernichtet, ehe ihre Wirkung überhaupt auf die richtigen »Pendel« übergehen konnte.

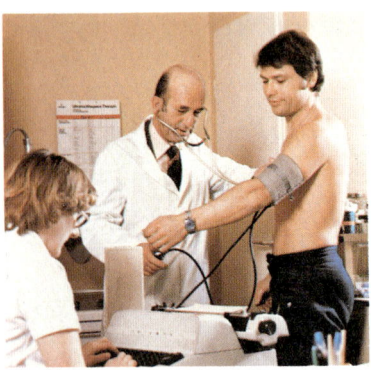

Das Ausstellungsmodell »Mehrfachpendel«.

Und noch etwas soll das Mehrfach-pendel zeigen: Wenn Zeitverzöge-rungen im Spiel sind, kann man ein einmal in Unordnung geratenes System später kaum noch durch Einzelkorrekturen in den Griff bekommen. Meist bringt man das System nur noch mehr durcheinander. Und doch gibt es immer wieder Leute, die glauben, daß sie etwa durch forcierten Straßenbau, durch drastische Rationalisierung, durch Großeinsatz von Pestiziden oder durch künstliche Ankurbelung des Energieverbrauchs nur ein oder zwei »Pendel« in Bewegung setzen, und die sich dann wundern, wenn eine ganze Maschinerie aus den Fugen gerät.

Sobald eine Wirkung ihre Wanderung durch das vernetzte System begonnen hat, kann man sie fast nie mehr rückgängig machen, sondern höchstens kompensieren, ein wenig ausgleichen, bereits wirkende Kräfte nutzen, durch Selbstregulation allmählich die Richtung ändern.

Je früher man also in komplexen Systemen einen Fehler erkennt, desto eher hat man eine Chance, ihn noch am Ausgangsort zu korrigieren – wie bei unserem ersten Pendel, wenn der Impuls noch nicht auf das nächste übergegangen ist.

16. Das Computerspiel
Simulation von Wirkungsgefügen

Alle bisher dargestellten Wechselbeziehungen, Rückkoppelungen und Zeitverzögerungen – und noch viele andere – sind in irgendeiner Weise an dem lebendigen Geschehen auf unserem Planeten beteiligt. Dies jedoch nie einzeln, sondern immer in vielfacher, wenn auch manchmal nur schwacher Kombination mit anderen.

Damit man neben der Kenntnis solch kombinierter Wirkungen auch ein Gefühl für deren eigenartige Gesetzmäßigkeiten vermittelt bekommt, damit man also neben dem *Wissen* auch ein wenig *erleben* kann, wie sich bestimmte Eingriffe über kurz oder lang auf ein vernetztes System auswirken, wurden für die Ausstellung einige der wichtigsten Wirkungsarten zu einem Spiel vereinigt.

In einem typischen Industrieland kann man selbst Steuermann spielen und durch Investition in Gebiete wie Produktion, Umweltschutz, Aufklärung und neue Technologien versuchen, die Lebensqualität zu erhöhen und seinen Lebensraum zu stabilisieren.

Das Spiel geschieht in Wechselwirkung mit einer Computersteuerung. Sie registriert die Entscheidungen des Spielers und berechnet die Veränderungen im System. Der Besucher folgt diesen Angaben und stellt die Ergebnisse auf einer großen Panoramawand ein, auf der die einzelnen Bereiche in ihrer Vernetzung bildlich dargestellt sind.

Gerade in diesem Spiel zeigt sich wieder, daß nur aus dem Verständnis des Gesamtzusammenhangs heraus sinnvolle Entscheidungen getroffen werden können. Andernfalls kann man nur hinter den Ereignissen herhinken, und der in dem Computerspiel dargestellte Lebensraum steuert sehr schnell der Katastrophe zu. Nach dem Spiel erfährt der jeweilige »Steuermann« den Grad seiner kybernetischen Begabung und ob er sich gar als Mitglied des Clubs der vernetzten Denker betrachten darf.

Wenn wir uns einmal die Wechselwirkungen in einem Ballungsraum vor Augen halten, so sehen wir, daß es eigentlich unmöglich ist, Einzelbereiche getrennt für sich zu planen oder zu entwickeln. Das tun wir jedoch nach wie vor.

Wir glauben, wenn wir eine gute Straße bauen, eine funktionsfähige Fabrik errichten, ein juristisch einwandfreies Gesetz erlassen oder erstklassige Chemiker ausbilden, daß dann auch das Zusammenspiel all dieser Faktoren funktionieren muß. Und dann sind wir überrascht, daß sich Dinge plötzlich aufschaukeln, ganz woanders Spätfolgen zeigen oder miteinander unvereinbar sind. Für sich perfekt geplant, kann ihr Zusammenspiel eben dennoch in ein Chaos führen.

Deshalb müssen wir dazu übergehen, bei der Gestaltung unseres Lebensraumes eine »kybernetische« Strategie zu entwickeln, die das Zusammenspiel und die Selbstregulation der Elemente innerhalb des Systems mit einbezieht. So etwas kann man üben.

Unser Computerspiel versucht auf diese Weise ein Gefühl für vernetzte Wirkungen zu entwickeln. Auf der untenstehenden Abbildung sind die Bereiche so verknüpft, wie es der Computersteuerung der Ausstellung entspricht. Über diese Verflechtungen kann dann das, was wir in dieser »Modellregion« planen und entscheiden wollen, über einen längeren Zeitraum in seinen Auswirkungen durchgespielt werden.

Eine etwas wissenschaftlichere Ausgabe dieses Umweltsimulationsspiels wurde erstmals – und zwar ohne jede Elektronik – in der Studie ›Ballungsgebiete in der Krise‹ vorgestellt. Inzwischen in mehreren Ländern im kybernetischen Unterricht verwendet und auch voll »computerisiert«, bringt dieses

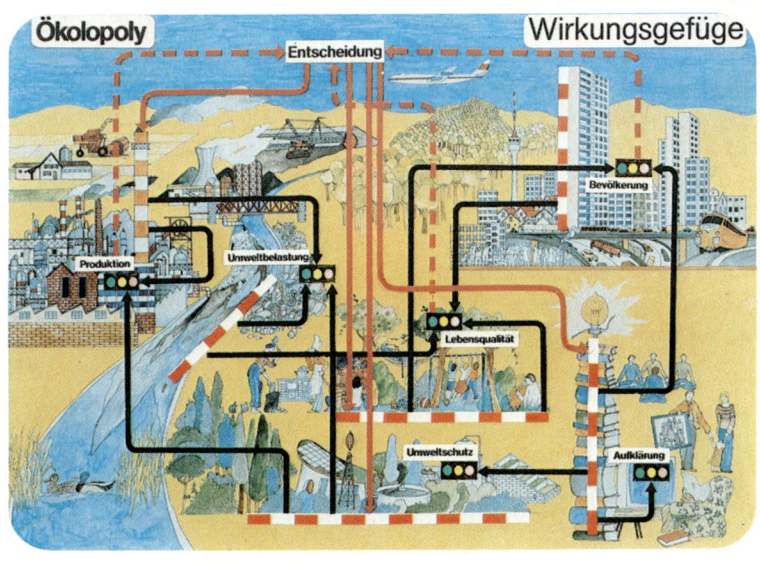

Produktion, Umweltbelastung, Lebensqualität, Sanierung, Aufklärung und Bevölkerungsentwicklung sind fünf wichtige Bereiche eines Lebensraumes. Sie sind in unserem Computerspiel durch unterschiedliche nichtlineare mathematische Beziehungen so verknüpft, daß jede Entscheidung eine Kette von Wirkungen und Rückwirkungen nach sich zieht. Das Ergebnis wird jeweils durch Zahlen angezeigt und auf der betreffenden Skala nachgestellt – was wiederum weitere Folgen hat ...

simple Simulationsspiel eine neue Möglichkeit, Systemanalyse zu betreiben.*

Den bekannten Modellen von Meadows und Forrester hat es voraus, daß es dem »Entscheidungsträger« erlaubt, in mehrere Rollen zu schlüpfen, und ihn aktiv in das kybernetische Geschehen mit einbezieht. Vor allem bleibt die Entwicklung »dynamisch«, ihr Ablauf wird durch die Anfangssituation nicht ein für allemal vorherbestimmt.

Was in dem Spiel angestrebt wird, ist ein Gleichgewichtszustand mit möglichst hoher Lebensqualität. Ob wir das erreichen, hängt ganz von unserer Vorausschau ab. Für Überraschungen sorgen schon allein die eingebauten Rückkoppelungen, Zeitverzögerungen und Spätfolgen mancher sich zunächst positiv gebenden Entscheidung. Auch zufällige »Störgrößen«, also Eingriffe von außen, treten auf.

Gewiß wird man mit unserem Simulationsspiel nicht gleich die Umweltproblematik lösen können, dafür aber um so deutlicher erfahren,

mit welchen Denkansätzen man an eine solche Lösung herangehen muß. In der Tat wäre es zum Beispiel mit einem nicht viel komplizierteren »Simulationsspiel« unter Einsatz eines kleinen programmierbaren Taschenrechners durchaus möglich gewesen, aus den vorhandenen Daten die Entwicklung der bekannten Dürrekatastrophe in der Sahel-Zone vorauszusagen und so vielleicht zu verhindern (vergleiche Kapitel 20).

Selbst aus einem unvollständigen Wirkungsgefüge erfahren wir also weit mehr darüber, wie sich ein System gegenüber Eingriffen und Störungen in Zukunft verhält, als aus noch so wissenschaftlichen Hochrechnungen und Voraussagen, die weder Vernetzungen noch Rückwirkungen kennen (man denke nur an die ständigen Fehlprognosen unserer Wirtschaftspolitiker!).

Zunehmend, wenn auch noch viel zu wenig, werden jedoch diese Erkenntnisse allmählich in immer mehr Bereichen befolgt.

* Das Spiel wurde inzwischen mehrfach überarbeitet und wird als Papp-Computer mit Drehscheiben unter dem Namen ›Ökolopoly‹ von der Studiengruppe für Biologie und Umwelt, Nußbaumstr. 14, 8000 München 2, vertrieben (Hersteller: Otto Maier, Ravensburg).

17. Der Berufsflipper
Erforschung von Vernetzungen

Jeder Mensch lebt in einem vielfältigen Wechselspiel nicht nur mit seiner Umwelt, sondern auch mit seiner Mitwelt: zu Hause, im Beruf, in der Freizeit, in den Ferien. Tag und Nacht, ja selbst wenn er alleine ist – in seinen Träumen und Gedanken. Wir sind uns meist nicht bewußt, wie sehr das eigene Verhalten und Wohlergehen, unsere Leistungen und Pläne physisch und psychisch mit diesen Wechselwirkungen zusammenhängen. Denn auch im sozialen Bereich haben wir eine Vielzahl von Elementen und Ebenen, verknüpft durch Rückkoppelungen, Zeitverzögerungen, lineare und nichtlineare Wirkungen.

Und doch glaubt man seine Probleme oft auf *eine* Ursache fixiert – und hakt sich daran fest. Der Berufsflipper soll zeigen, daß solche Probleme in Wirklichkeit nur die gerade sichtbaren Teile eines vernetzten Systems sind und daß man, folgt man der Vernetzung, vielleicht Fragen begegnet, die man sich noch nicht gestellt hat.

Dazu bewegt in der Ausstellung der Besucher einen »Puck« durch ein Labyrinth und baut sich durch verschiedene Entscheidungsebenen hindurch sein individuelles Netz auf. Der Zielpunkt ergibt sich so aus dem Zusammenspiel verschiedenster Faktoren seiner beruflichen Situation. Vielleicht sind die Antworten und Ratschläge vertraut, vielleicht aber auch überraschend. Auf jeden Fall kann er den Pfad zurückverfolgen und eine entsprechende »Maßnahme« daraufhin durchtesten, ob sie diese berufliche Situation im gewünschten Sinne verändern würde.

Auf dem Bild Seite 92/93, dem »Berufsflipper«, sucht man sich, oben angefangen, von Verzweigung zu Verzweigung diejenige Spur heraus – und zeichnet sie mit Bleistift ein –, die dem eigenen Fall am nächsten kommt, bis man an einem bestimmten Buchstaben endet. Der so entstandene Weg kennzeichnet dann die individuelle Arbeitssituation. Denn jeder wird wieder über einen anderen Pfad in einem der äußeren »Löcher« landen.

Nun sucht man sich die Beschreibung seines Buchstabens und überlegt sich, durch welche Mittel oder Maßnahmen man in seinem Fall die empfohlene Änderung durchführen könnte. Gibt das einen Sinn, so prüft man den »Erfolg«: Man beginnt jetzt am unteren Ende des eingezeichneten Pfades und prüft zunächst, ob sich dadurch der letzte Punkt verändern würde. Wenn ja, ob sich nun auch beim darüberliegenden Feld die Lage bessert usw.,

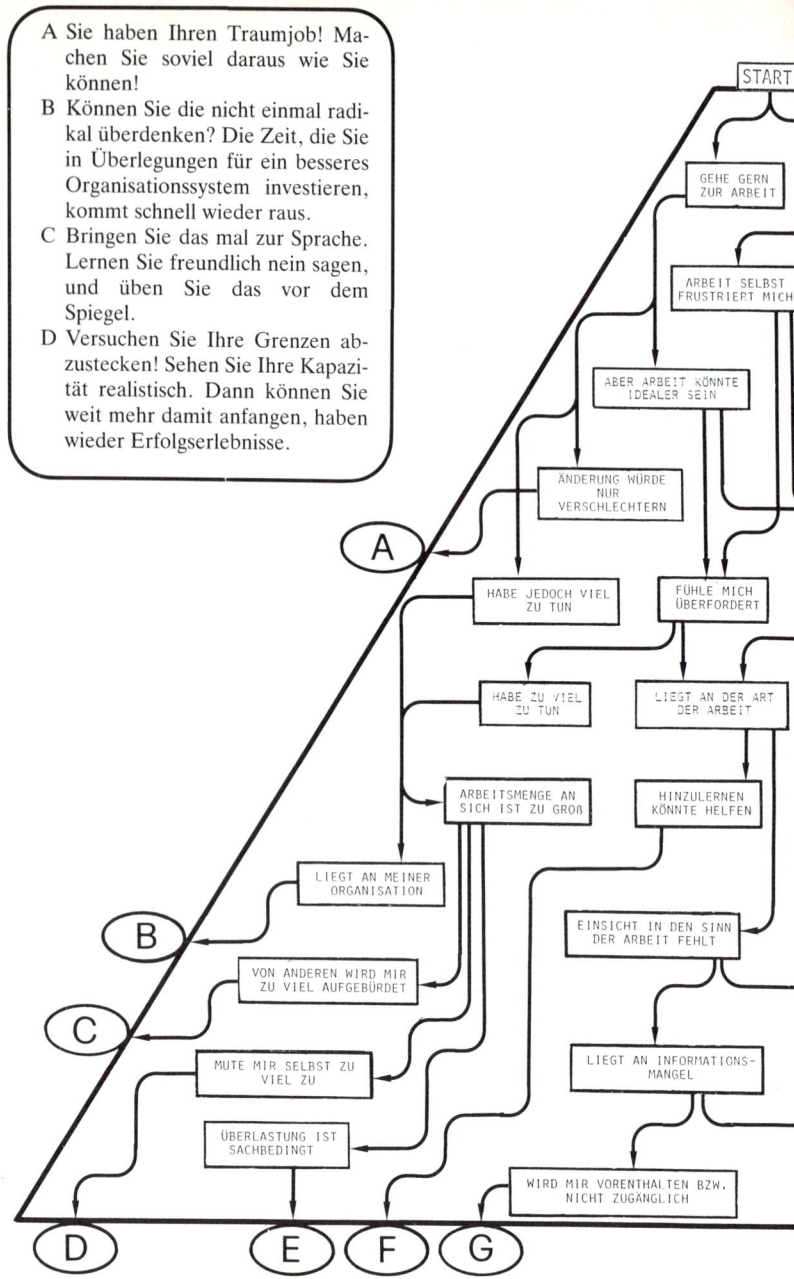

A Sie haben Ihren Traumjob! Machen Sie soviel daraus wie Sie können!

B Können Sie die nicht einmal radikal überdenken? Die Zeit, die Sie in Überlegungen für ein besseres Organisationssystem investieren, kommt schnell wieder raus.

C Bringen Sie das mal zur Sprache. Lernen Sie freundlich nein sagen, und üben Sie das vor dem Spiegel.

D Versuchen Sie Ihre Grenzen abzustecken! Sehen Sie Ihre Kapazität realistisch. Dann können Sie weit mehr damit anfangen, haben wieder Erfolgserlebnisse.

START

GEHE GERN ZUR ARBEIT

ARBEIT SELBST FRUSTRIERT MICH

ABER ARBEIT KÖNNTE IDEALER SEIN

ÄNDERUNG WÜRDE NUR VERSCHLECHTERN

HABE JEDOCH VIEL ZU TUN

FÜHLE MICH ÜBERFORDERT

HABE ZU VIEL ZU TUN

LIEGT AN DER ART DER ARBEIT

ARBEITSMENGE AN SICH IST ZU GROSS

HINZULERNEN KÖNNTE HELFEN

LIEGT AN MEINER ORGANISATION

EINSICHT IN DEN SINN DER ARBEIT FEHLT

VON ANDEREN WIRD MIR ZU VIEL AUFGEBÜRDET

MUTE MIR SELBST ZU VIEL ZU

LIEGT AN INFORMATIONS-MANGEL

ÜBERLASTUNG IST SACHBEDINGT

WIRD MIR VORENTHALTEN BZW. NICHT ZUGÄNGLICH

A B C D E F G

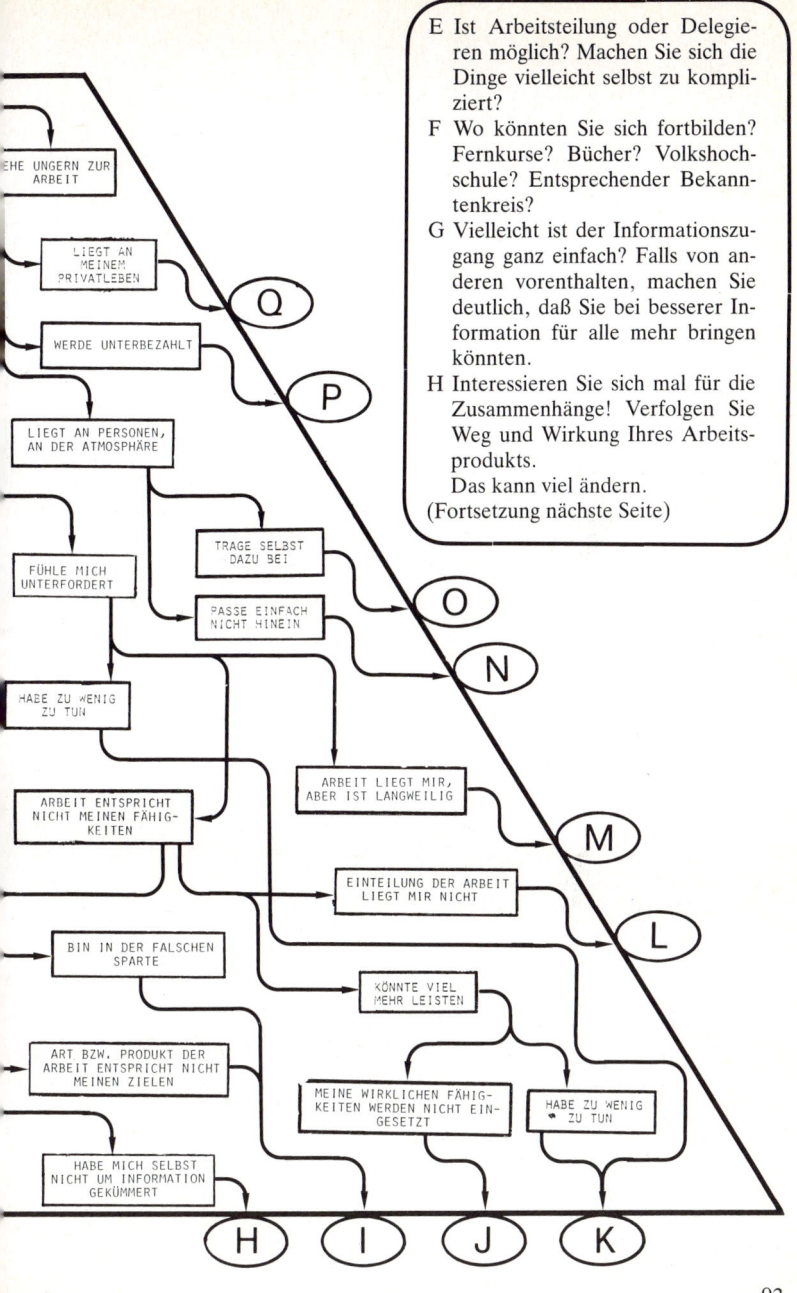

E Ist Arbeitsteilung oder Delegieren möglich? Machen Sie sich die Dinge vielleicht selbst zu kompliziert?

F Wo könnten Sie sich fortbilden? Fernkurse? Bücher? Volkshochschule? Entsprechender Bekanntenkreis?

G Vielleicht ist der Informationszugang ganz einfach? Falls von anderen vorenthalten, machen Sie deutlich, daß Sie bei besserer Information für alle mehr bringen könnten.

H Interessieren Sie sich mal für die Zusammenhänge! Verfolgen Sie Weg und Wirkung Ihres Arbeitsprodukts.

Das kann viel ändern.

(Fortsetzung nächste Seite)

EHE UNGERN ZUR ARBEIT

LIEGT AN MEINEM PRIVATLEBEN

WERDE UNTERBEZAHLT

LIEGT AN PERSONEN, AN DER ATMOSPHÄRE

FÜHLE MICH UNTERFORDERT

TRAGE SELBST DAZU BEI

PASSE EINFACH NICHT HINEIN

HABE ZU WENIG ZU TUN

ARBEIT ENTSPRICHT NICHT MEINEN FÄHIGKEITEN

ARBEIT LIEGT MIR, ABER IST LANGWEILIG

EINTEILUNG DER ARBEIT LIEGT MIR NICHT

BIN IN DER FALSCHEN SPARTE

KÖNNTE VIEL MEHR LEISTEN

ART BZW. PRODUKT DER ARBEIT ENTSPRICHT NICHT MEINEN ZIELEN

MEINE WIRKLICHEN FÄHIGKEITEN WERDEN NICHT EINGESETZT

HABE ZU WENIG ZU TUN

HABE MICH SELBST NICHT UM INFORMATION GEKÜMMERT

Q P O N M L

H I J K

I Wäre ein Wechsel nicht sinnvoll? Vielleicht auch innerhalb der Firma? Versuchen Sie die richtigen Leute für Ihre Mitarbeit zu interessieren.

J Können Sie Ihren Job nicht ausbauen oder zusätzlich kreativ sein? Wem könnten Sie gerade mit Ihren Fähigkeiten helfen?

K Können Sie anderen aushelfen, eigene Initiativen entwickeln oder interessante Aufgaben mitübernehmen?

L Was läßt sich durch eigene Umorganisation daran ändern? Was durch Gespräche mit Chef oder Mitarbeitern?

M Können Sie zusätzliche Aktivitäten ankurbeln? Wie steht es mit einer Auflockerung? Musik, Denkspiele – allein oder mit anderen zusammen?

N Lassen sich bestimmte Begegnungen vielleicht vermeiden? Wie läßt sich eine Trennung bewerkstelligen? Welche Mittel gäbe es für eine Auflockerung und Entspannung?

O Wäre es nicht auch für Ihre eigene Entwicklung ein Fortschritt, Ihr Verhalten zu ändern? Vielleicht sind offene Gespräche sinnvoll! Verteilen Sie Streicheleinheiten, bauen Sie Streß ab!

P Sprechen Sie mit Ihrem Chef und machen Sie ihn auf den Vorteil zufriedener Mitarbeiter aufmerksam. Wenn erfolglos, dann ist vielleicht Nebenerwerb oder Wechsel möglich.

Q Hierzu müßten Sie vom Berufsflipper auf einen Privatflipper umsteigen. Vielleicht helfen Ihnen aber Erfolgserlebnisse im Beruf auch in privaten Dingen. Starten Sie das Spiel erneut und finden Sie heraus, wo dies möglich wäre!

bis man wieder am Startpunkt ankommt – mit einem neuen Verhältnis zur Arbeit.

Der Berufsflipper ist eine kleine Übung, wie man auch im Lebensbereich »Beruf« ein wenig mehr in Wirkungsnetzen denken lernt. Denn eine »Ursache«, die wir als Grund unserer Unzufriedenheit bezeichnen, ist oft selbst nur die Wirkung anderer Faktoren, an denen viele Dinge beteiligt sind, vielleicht sogar wir selbst. Dinge, die zu ändern vielleicht einfacher ist als das, was uns unmittelbar vor Augen steht.

In Wirklichkeit ist unser »Problem« meist nur eine zufällig sichtbare Seite eines komplexen Systems. Und auch hier gibt es nur in unserer Vorstellung eindeutige Ursachen und Wirkungen und nicht in der Wirklichkeit, wo jeder in einem vielfältigen Beziehungsnetz steht, dessen Bedeutung für unser Verhalten uns oft nicht bewußt ist. Gewohnt, »linear« zu denken, stürzen wir uns auch in der Berufswelt oft nur auf zufällig sichtbare Ausschnitte und glauben, nur dort und nirgendwo anders könne man einhaken. Und geht es nicht, so resigniert man.

So zeigt unser »Flipperspiel« einen Weg, dieses dichte Netz von Wirkungen und Rückwirkungen einmal von einer ganz anderen Seite aufzudecken. Im Unterschied zu einem Fragebogen werden hier die Vernetzungen offengelegt und aus diesen heraus die Fragen sozusagen selbst entwickelt. Dadurch empfindet man die Verfolgung des Weges

Wirkungsgefüge am Arbeitsplatz.

nicht als Abfragen oder Aushorchen durch einen anonymen überlegenen »Gegner«, sondern eher als Suchprozeß, den man selbst in die Hand nimmt.

Natürlich muß der am Schluß erhaltene Hinweis nicht unbedingt die günstigste Einstiegsstelle für eine Änderung sein. Wenn es schwierig ist, ihn zu befolgen, mag das mit hier nicht berücksichtigten außerberuflichen Dingen zu tun haben, die man vielleicht auf ähnliche Weise erforschen kann. In jedem Fall wird sich irgendwo ein praktikabler Einstieg und damit auch Anstoß finden, um dem ganzen Wechselspiel eine neue Richtung zu geben.

Hat man in einem bestimmten Lebensbereich Schwierigkeiten, so sollte man daher ruhig einmal das vordergründige Problem verlassen und die Situation auf die Ebene vernetzter Zusammenhänge erheben. So wie man das an diesem Berufs-flipper in vielleicht etwas verallgemeinerter Form durchprobiert hat.

Warum gerade auf diese Weise? Sie ermöglicht einen größeren Abstand, läßt einen sich selbst als Glied eines größeren Ganzen betrachten und macht einen dadurch objektiver. Das Durchspielen der einzelnen Schritte der Vernetzung kann sogar, frei von Emotionen, gemeinsam mit

95

anderen Beteiligten vorgenommen werden.

Der »Flipperweg« zwingt einen außerdem bei jeder Verzweigung, von abstrakten Vorstellungen in die konkrete Situation zu gehen und *dort* Lösungsmöglichkeiten aufzuspüren – und nicht in so nebulösen Annahmen wie »er traut mir ja nichts zu«, »hier erfährt man ja doch nie, was los ist« oder »die Arbeit macht hier einfach keinen Spaß«; isolierte Gedanken, an denen man sich festbeißt, ohne daß sie auch nur den geringsten Ansatz für eine Lösung hergeben. Erst wenn man sie in ihre Gesamtvernetzung hineinstellt, findet man einen Weg, der wirklichkeitsnah ist und der somit auch in dieser Wirklichkeit und nicht nur in unserer Phantasie Erfolg verspricht.

18. Die Sache mit der Wüstenschnecke
Untersuchung von Ökosystemen

Zum Schluß dieser Themengruppe möchte ich einmal einen kleinen persönlichen Bericht einflechten. Er soll ein praktisches Beispiel zu unserer Frage beisteuern, »wie man Zusammenhänge verstehen lernt«.

Die Vegetation in einer Sandwüste.

An dem Institut für Wüstenforschung der Universität Bersheba, das ich im November 1977 auf einer Vortragsreise durch Israel mit meiner Frau besuchte, erlebte ich noch am letzten Tag den Höhepunkt meines dortigen Aufenthaltes. Dieses Institut, inmitten der Wüste Negev gelegen und noch von Ben Gurion selbst ganz in der Nähe seines Kibbuz Sde Boqer gegründet, ist inzwischen zu einem riesigen Campus mit vielen Einzelinstituten angewachsen: ein Forschungszentrum wie viele andere auf der Welt. Und doch hat es etwas Einmaliges aufzuweisen: Man hat es gewagt, die voruniversitäre Erziehung in die wissenschaftliche Arbeit mit einzubeziehen und 1976 eine »Experimental Environmental Highschool« (ein experimentelles

Eine der einfachen, aber klug eingesetzten Meßstationen zur Erfassung der Wüstenkybernetik.

Umwelt-Gymnasium) gegründet, an der mich vor allem ein zehntägiger Kursus für Schüler aus allen Teilen des Landes in Begeisterung versetzte.

Man fand, daß sich das relativ einfache Ökosystem der Wüste in direkt idealer Weise dafür eignete, den Schülern die sonst so kompliziert erscheinenden biokybernetischen Gesetze lebender Systeme beizubringen. Denn diese Gesetzmäßigkeiten sind überall die gleichen – unabhängig von der Kompliziertheit des betrachteten Systems. Sie gelten für die Wüste ebenso wie für unsere hochindustrialisierten und dichtbesiedelten Ballungsräume.

Die Schüler, die im Rahmen dieses Programms, das sich »Integrated Environmental Education« nennt, in den Negev kommen, scheinen zunächst mit einer toten Landschaft konfrontiert. Was sie als erstes sehen, sind ein paar kleine verdorrte Büsche, immerhin ein erstes Zeichen von Leben. Schauen sie noch genauer hin, so entdecken sie darunter kleine weiße Schneckenhäuser.

Dies, so lernen sie bald, sind jedoch nur die ersten ins Auge fallenden Glieder eines ausgeklügelten Ökosystems. Denn auch in den allerprimitivsten Lebensräumen wie in einer Wüstenlandschaft liegen die Dinge nicht einfach so herum, sondern – sobald Leben im Spiel ist – sind auch sie bereits zu einem komplexen System vernetzt – sowohl miteinander wie auch mit der Umwelt, dem Luftsauerstoff, dem Wasser, dem Boden. Eine Vernetzung, die sich als der große Trick der lebenden Natur entpuppt, mit dem sie mehrere Milliarden Jahre und zeitweise extreme Bedingungen überdauert hat.

Die Schüler messen Temperatur und Feuchtigkeit und errechnen die Biomasse der verdorrten Büsche. Sie zählen und markieren die Schnecken, wobei ihnen sofort zahllose wurmartige Häufchen auffallen. Diese, zerreibt man sie zwischen den Fingern, stellen sich als bloßer Sand heraus, der offenbar durch den Schneckenkörper gewandert ist.

Die Schnecken, die sich von einer bei Feuchtigkeit auf dem feinen Sand wachsenden unsichtbaren Al-

Eine Wüstenschnecke (Sphincterochila boissieri) mit »gemolkenem« Sandhäufchen.

genschicht ernähren, melken sozusagen den Sand beim Durchgang durch den Körper und entlassen ihn in dieser geringelten Form. Und schon findet sich eine weitere Stufe der Vernetzung: Als Nebeneffekt kommt eine ständige Lockerung der Sandoberfläche zustande.

Mit all dem hat für die Schüler längst ein regelrechtes Abenteuer angefangen. Die Lehrer sind klug genug, um sie jedes weitere Glied dieses aufeinander eingespielten Systems weitgehend selber erforschen zu lassen: die toten Schnecken, die durch Zersetzerorganismen in Humus und Mineralien für die Büsche verwandelt werden; die verholzten Büsche, die wiederum kleinen Wüstenasseln als Nahrung dienen. Die Asseln, die unter Einsatz ihrer aus gut 80 Mitgliedern bestehenden Großfamilien 50 Zentimeter tiefe Löcher in den Boden bohren und dabei den dort immer etwas feuchteren Sand durch sich hindurchschleusen (wobei sie gleichzeitig trinken, essen, arbeiten und verdauen), und der Boden, der dadurch eine gute Durchlüftung wie auch eine Struktur- und Nährstoffverbesserung erfährt, ohne die wiederum die Pflanzen, von denen die Wüstenasseln leben, überhaupt nicht existieren könnten.

Die Bohrleistung dieser kleinen Lebewesen ist übrigens so enorm, daß alle 25000 Jahre der gesamte Negev bis zu einer Tiefe von einem halben Meter einmal durch ihren Körper hindurchgeht. Von diesen Asseln leben nun wiederum kleine Skorpione, die ebenfalls Löcher bohren, diese jedoch seitwärts, nicht in die Tiefe. Sie sorgen für eine wieder andere Durchlüftung und liefern wieder andere Humusstoffe und auch wieder andere Möglichkeiten, die Mineralien des Wüstensandes aufzuschließen.

Soviel zu einigen Mitgliedern dieses Systems, welches unter extremen Streßbedingungen lebt und doch äußerst stabil ist. Werden zum Beispiel die Schnecken zu zahlreich, wie in manchen Jahren, und ist die Erhaltung ihrer Art wegen Nahrungsmangel bedroht, so scheint sich dies in der Vogelwelt herumzusprechen, und plötzlich fallen Tausende von Vögeln in dieses Gebiet ein.

Die in ihren Häusern verkrochenen Schnecken sind zunächst vor ihnen sicher, doch bald findet man zerbrochene Schneckenhäuser. Sie sind

Von Vögeln auf einem Stein zerschlagene Schneckenhäuser.

um die wenigen Steine in diesem Wüstengebiet gruppiert. Die Vögel benutzen sie als Amboß und schlagen die Schneckenhäuser darauf kaputt. Doch nicht lange, so verschwindet der ganze Spuk. Die Schneckenpopulation hat wieder ein normales Maß erreicht, und unsere »Algenstripper« finden wieder genügend Nahrung.

Die Schüler merken bei ihrer Entdeckungsfahrt, daß hier jedes Glied wichtig ist und man keines entfernen kann, ohne das Gesamtgefüge ernstlich zu stören. Und damit fängt das eigentlich ökologische, das vernetzte Denken an. Aus ihren Daten und Beobachtungen zeichnen die Schüler ein kybernetisches Modell von der Realität. Daraus erkennen sie die Organisation des Systemgefüges, und ihnen wird zum Beispiel auch klar, daß wirklich nutzbringende Eingriffe in das Gefüge immer nur solche sein können, die dem Systemcharakter Rechnung tragen.

Überraschend war dabei, daß sie trotz vieler fehlender Glieder bereits von Anfang an ein zutreffendes, wenn auch grobes Gesamtbild des in Wirklichkeit natürlich noch weit komplexeren Wüstenorganismus erhielten; ein Bild, das anhand dieses Modells wieder sehr einfach zu verstehen war.

Sie stellten weiter fest – und das hatte auch die Wüstenforscher überrascht –, daß bereits wenige Messungen und Beobachtungen genügen, um die Kybernetik, die Steuerfunktionen dieses Systems richtig zu erfassen. Interessanterweise genügte es sogar noch – das zeigte sich

Der Ökosystemforscher Mosche Shachak erklärt dem Verfasser (rechts) die Funktion der Wüstenassel (Hemilepistus reaumuri). Im Hintergrund Zev Naveh, der Leiter des »Intergrated Environmental Education Project« mit Assistentin.

an mehreren hundert getrennten Untersuchungen –, wenn man sich in den Messungen bis um 30 bis 40 Prozent verschätzte. Ein aufregendes Ergebnis, welches unsere eigenen Hypothesen über komplexe Systeme und wie man sie erfassen kann voll bestätigte.

So hatte ich die große Freude zu erleben, wie das Thema, mit dem ich mich in den letzten Jahren besonders intensiv beschäftigte, nämlich die biokybernetische Systembetrachtung, dort, in der Realität der umgebenden Wüstenökologie, zu einem konkreten Arbeitsinstrument geworden war. Eigentlich müßte jeder Mensch diesen 10-Tage-Kursus machen. Denn ich kenne nichts, was einem auf anschaulichere Art und Weise die Vernetzungen eines lebendigen Systems näherbringt.

Teil 6

Wie man Systeme durch Eingriffe kaputtmacht

Wer will schon bewußt ein lebendes, ein profitables System zerstören? Es ist Unwissenheit, oft auch Bequemlichkeit, und manchmal ein Sich-nicht-darüber-informieren-Wollen, was überhaupt ein Eingriff ist, wo er eingreift und was er anrichtet. Doch hier bessert sich manches. Direkte, lokale Zerstörungen werden seltener. Denn immer leichter läßt sich heute die Spur zum Missetäter zurückverfolgen. Dagegen sind es immer häufiger Überraschungen von unerwarteter Seite, die uns auf diesem Planeten zu schaffen machen. Plötzliche Änderungen auf einem Gebiet, in das wir bewußt gar nicht eingegriffen haben.

Viele Einwirkungen sind eben nicht dort zu Ende, wo sie zunächst hinzielen, sondern können über unerkannte Rückkoppelungen – manchmal sofort, manchmal mit zeitlicher Verzögerung – sogar ins Gegenteil dessen umschlagen, was beabsichtigt war.

19. Der Assuan-Staudamm
Veränderung von Ökosystemen

Wir sind hellhörig geworden gegenüber direkten Schädigungen wie Gifteinleitung in Gewässer, Luftverpestung oder Ausrottung von Tierarten. Doch immer noch sind wir verblüfft, wenn zunächst gar nicht als nachteilig empfundene Entwicklungen wie Straßenbau, Einführung von Monokulturen oder eine intensivere Wasserversorgung natürliche Ökosysteme aus dem Gleichgewicht bringen und wenn deren gewaltige Leistung nun auch für uns plötzlich nachläßt. Ihr Verlust beschleunigt daher nur allzuoft den Zusammenbruch auch unserer eigenen Wirtschaftszweige.

Besonders weitreichend waren die Rückwirkungen in Ägypten durch den Bau des Assuan-Staudamms. Dieses großartige Projekt zur Landbewässerung und Energieerzeugung, in welches jedoch, wie bei vielen ähnlichen Plänen, gründliche ökologische Überlegungen nicht einbezogen wurden, brachte negative Überraschungen auf fast allen Sektoren.

So übertraf zum Beispiel die Verdunstung des Stauwassers alle Berechnungen (unter anderem durch sich in den Kanälen ausbreitende Wasserhyazinthen, die zudem noch zur Brutstätte von Bilharziose übertragenden Schnecken wurden). Das nährstoff- und schlammarme Stauwasser verlangte künstliche Düngung im Niltal und zerstörte zunehmend die Flußufer.

Dauerbewässerung versalzte die Felder, und das fruchtbare Delta an der Flußmündung hörte auf zu wachsen. Selbst die Küstenfischerei wurde durch den Nährstoffmangel vorübergehend ausgelöscht. Typische Spätfolgen, wie sie durch vernetzte Wechselwirkungen zustande kommen.

In neueren Plänen wurde zunächst überlegt, ob man vielleicht durch die Anlage eines Nebenkanals oder durch ein Abpumpen des Schlamms aus dem Staubecken oder durch stärkeren Abfluß unter Verkleinerung des Stausees den immer mehr auf Kunstdünger angewiesenen Feldern wieder kostbaren Nilschlamm zuführen könnte. Hier könnten eventuell Korrekturen möglich sein.

Problematischer sind Pläne, nach denen Teile des Nildeltas zur Landgewinnung trockengelegt würden (mit verheerenden Folgen für Fischfang, Zugvogel- und Insektenökologie) oder nach denen die fossilen Wassermengen unter der Wüste westlich des Nils angezapft würden (was zu einer gefährlichen Scheinblüte führen würde, da der Vorrat begrenzt ist und zudem eine Versal-

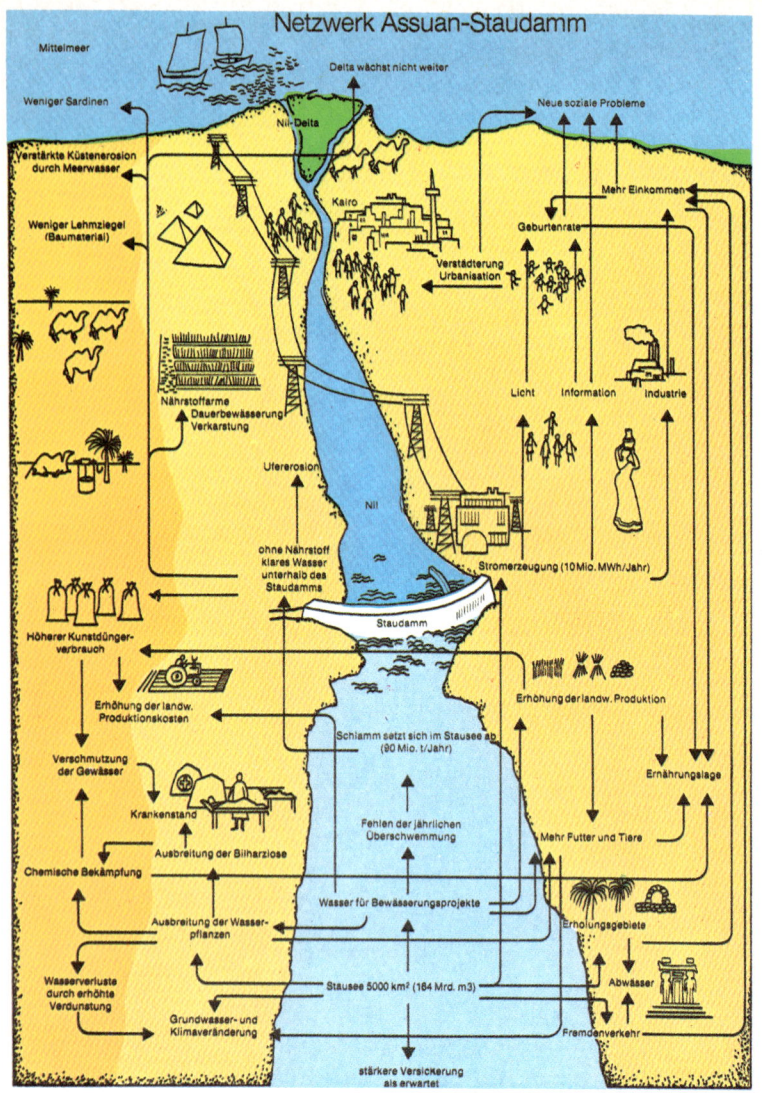

Netzwerk Assuan-Staudamm

Mittelmeer

Delta wächst nicht weiter

Weniger Sardinen

Neue soziale Probleme

Nil-Delta

Verstärkte Küstenerosion durch Meerwasser

Mehr Einkommen

Weniger Lehmziegel (Baumaterial)

Kairo

Geburtenrate

Verstädterung Urbanisation

Nährstoffarme Dauerbewässerung Verkarstung

Licht   Information   Industrie

Ufererosion

Nil

ohne Nährstoff klares Wasser unterhalb des Staudamms

Stromerzeugung (10 Mio. MWh/Jahr)

Staudamm

Höherer Kunstdünger-verbrauch

Erhöhung der landw. Produktion

Erhöhung der landw. Produktionskosten

Schlamm setzt sich im Stausee ab (80 Mio. t/Jahr)

Ernährungslage

Verschmutzung der Gewässer

Fehlen der jährlichen Überschwemmung

Mehr Futter und Tiere

Krankenstand

Ausbreitung der Bilharziose

Chemische Bekämpfung

Wasser für Bewässerungsprojekte

Ausbreitung der Wasser-pflanzen

Erholungsgebiete

Wasserverluste durch erhöhte Verdunstung

Stausee 5000 km² (164 Mrd. m3)

Abwässer

Grundwasser- und Klimaveränderung

Fremdenverkehr

stärkere Versickerung als erwartet

zung der Böden und geologische Veränderungen drohen). Mittlerweile sind die Auswirkungen so einschneidend und unübersehbar geworden, daß ernsthaft überlegt wird, den Damm einzureißen und den Stausee wieder völlig abzulassen (ein Bericht darüber findet sich z. B. im April-Heft 1983 von ›Bild der Wissenschaft‹).

Die Praxis zeigt auch hier, daß eine kluge Nutzung der bereits gegebenen Möglichkeiten eines Ökosystems auf die Dauer weit mehr bringt als eine unbekümmerte Veränderung derselben – auch wenn dies momentan etwas Gewinn abwerfen sollte.

Die Auswirkungen der technokratischen Vorgehensweise unserer Industrienationen (die nicht nur selbst Tag für Tag weitere stümperhafte Pläne dieser Art verwirklichen, sondern sie auch noch in alle Welt exportieren) treffen daher gerade diejenigen Länder, die ihren Abstand zu unserem technischen Lebensstandard rasch aufholen wollen, jedoch durch die unreflektierte »Entwicklungshilfe« fachblinder Experten dann auch noch ihre bisherige Stabilität verlieren.

So geschehen bei der hochmodernen, aber völlig unökologischen Ausbeutung der natürlichen peruanischen Rohstoffquellen: Sardellen und Guano-Dung. Als der nährstoffreiche kalte Humboldtstrom einmal vorübergehend durch den nährstoffarmen Niñostrom verdrängt wurde, reichten die übriggelassenen Fischreserven zur Fortpflanzung nicht mehr aus. Die Fischgründe waren erschöpft, die Fischmehlproduktion brach zusammen, und auch die Guanovögel, die sich von den Fischen ernährten und deren Dung die zweite große Absatzquelle abgab, waren ebenso plötzlich verendet oder hatten sich nach anderen Gegenden verzogen.

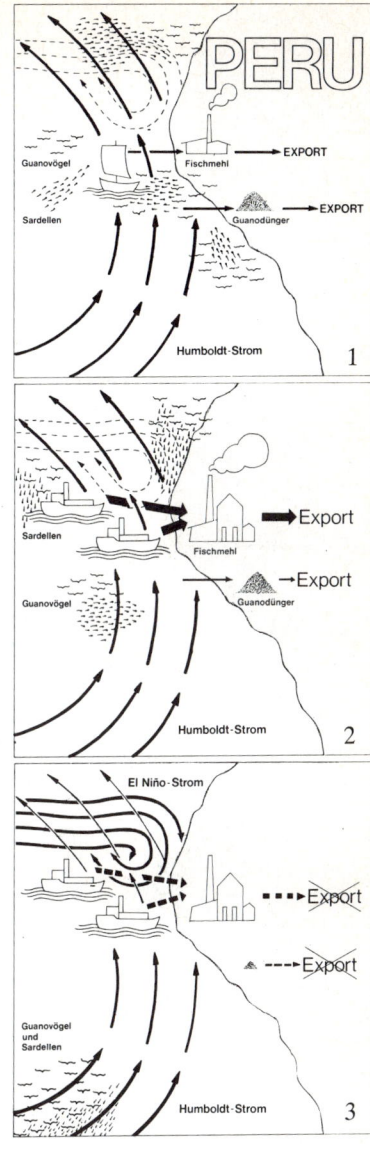

Fazit: Mit bester Absicht wurde eine Monowirtschaft ins Extrem getrieben und vernichtete sich prompt selbst.

Unvernetzt geplante, wenn auch gutgemeinte Eingriffe, wie sie etwa für die klassische Entwicklungshilfe typisch sind, können auch Menschenleben kosten. So bei der Hungerkatastrophe 1972/73 im afrikanischen Sahel-Gürtel, weil falsch verstandene Entwicklungshilfe ökologische Regelkreise aufhob und mehr Schaden anrichtete als Nutzen.

Der auf Seite 109 abgebildete Netzplan zeigt in vereinfachter Form die in der Nomadenwirtschaft der Sahel-Zone zusammenspielenden Faktoren. Man erkennt eine größere Zahl verschachtelter Rückkoppelungen, die trotz eines zyklischen Auftretens starker Dürreperioden das System für Mensch und Vieh in einem gewissen Gleichgewicht hielten. Die zunehmende Entwick-lungshilfe in den sechziger Jahren verbesserte zwar zunächst durch die Bekämpfung von Rinderkrankheiten den Viehbestand, durch Hygienemaßnahmen die Sterblichkeit der Bevölkerung und durch Brunnenbau die Wasserversorgung, verschob aber dadurch die natürlichen Grenzwerte (vergleiche Kapitel 8 und 12), und hob wichtige regulierende Rückwirkungen auf. Die in

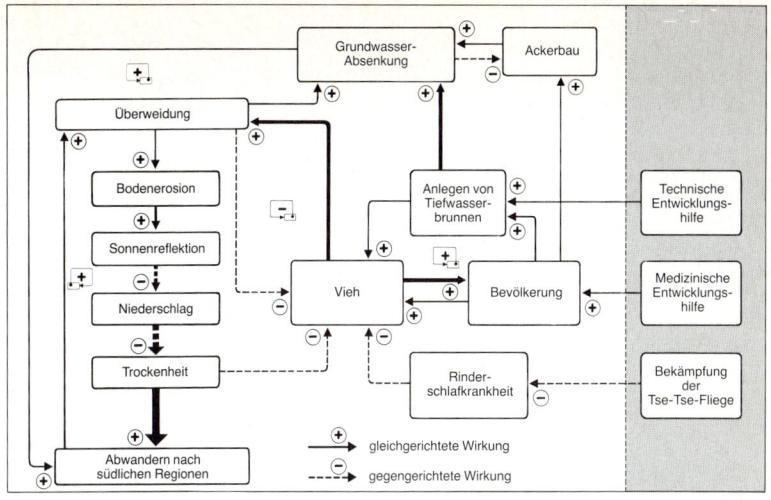

Grundwasser-Absenkung · Ackerbau · Überweidung · Bodenerosion · Sonnenreflektion · Niederschlag · Trockenheit · Anlegen von Tiefwasser-brunnen · Technische Entwicklungshilfe · Vieh · Bevölkerung · Medizinische Entwicklungshilfe · Rinder-schlafkrankheit · Bekämpfung der Tse-Tse-Fliege · Abwandern nach südlichen Regionen

→ gleichgerichtete Wirkung
⇢ gegengerichtete Wirkung

den Ablauf des Geschehens eingebauten Zeitverzögerungen ließen die Rückschläge erst sichtbar werden, als es für eine Korrektur des eingeschlagenen Weges zu spät war (vergleiche auch Kapitel 15). In unserem Netzplan kann man verfolgen, wie die zunächst begrüßenswerte Erhöhung des Viehbestandes aus der klimatischen Dürre – im Osten noch verstärkt durch die geringe Wolkenbildung aufgrund zunehmender Abholzungen im benachbarten Abessinischen Hochland – erst eine Katastrophe machte.

Wie konnte es soweit kommen? Der plötzliche Aufschwung in der Nomadenwirtschaft führte zur starken Überweidung des Graslandes und zur Bevölkerungszunahme. Nach einer ersten Absenkung des Grundwassers wurde mit technischer Entwicklungshilfe eine Kette von Tief-

wasserbrunnen angelegt, an der entlang sich die Rinderherden konzentrierten, bis schließlich die Wasserversorgung für Mensch, Tier und Pflanze gänzlich zusammenbrach und die Vegetationsschäden durch die veränderte Bodenabstrahlung das Klima noch zusätzlich ungünstig beeinflußten.

In diesem Geschehen wirkten Zeitverzögerung, Übersteuerung und Aufbrechen von Regelkreisen so zusammen, daß allein die durch den Wasserabbau entstehende positive Rückkoppelung die Dinge unaufhaltsam aufschaukelte. Eine Gesamtwirkung, die man durch entsprechende Berechnungen mit einem sogenannten Simulationsmodell durchaus hätte voraussagen können.

In einem solchen Modell bringt man die wichtigsten Faktoren des Systems in ein Netz mathematischer

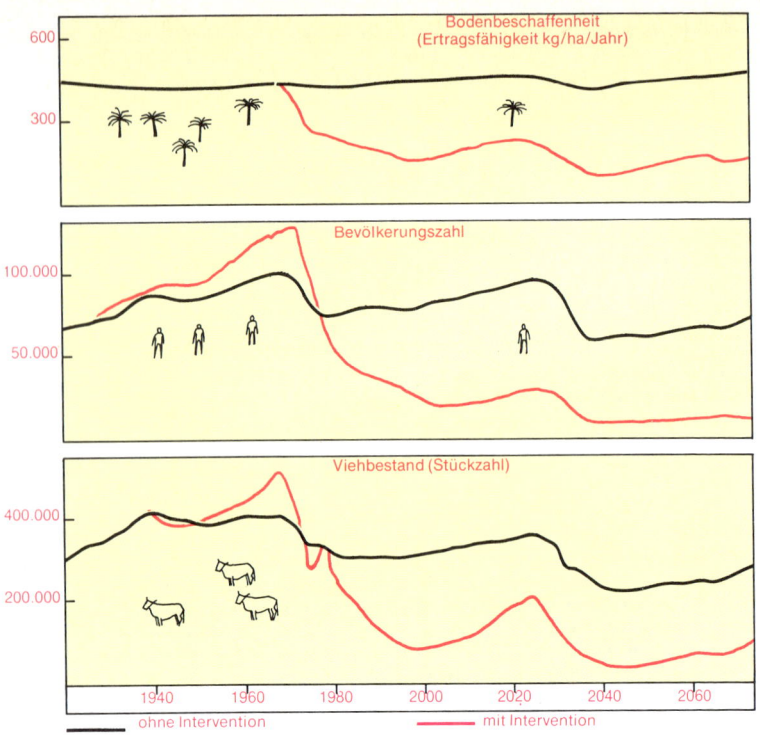

Bodenbeschaffenheit
(Ertragsfähigkeit kg/ha/Jahr)

600

300

Bevölkerungszahl

100.000

50.000

Viehbestand (Stückzahl)

400.000

200.000

1940   1960   1980   2000   2020   2040   2060

—— ohne Intervention   —— mit Intervention

Beziehungen und simuliert nun den Ablauf der Ereignisse im Computer; zum Beispiel durch Änderung der Rinderzahl oder der beweideten Grasfläche oder der Grundwasserentnahme. In der oben gezeigten Grafik ist das Ergebnis einer solchen Simulation für die drei wichtigsten Komponenten, nämlich Bodenfruchtbarkeit, Viehbestand und Bevölkerungszahl, über einen größeren Zeitraum mit und ohne die Maßnahmen der »klassischen« Entwicklungshilfe dargestellt.

Die Berechnung zeigt, daß dieser Typ der Entwicklungshilfe hier offenbar nicht nur keine Hilfe ist, sondern die Situation in einem Entwicklungsland nur verschlimmern kann. Es wäre zu hoffen, daß Institutionen der Entwicklungshilfe wie die Deutsche Gesellschaft für technische Zusammenarbeit (GTZ) in Eschborn endlich den Sprung zu kybernetischen Systembetrachtungen wagen und diese wenigstens in neuere Planungen mit einbeziehen, das heißt, von jenem »klassischen« unvernetzten Typus endgültig Abschied nehmen.

110

21. Monokulturen
Zerstörung der Diversität

Eine optimale Landwirtschaft verlangt wie alle dynamischen Systeme eine gewisse Diversität, eine abgestimmte Artenvielfalt in Pflanzenanbau und Tierhaltung. Eine übertriebene Rationalisierung unter Anlage von Monokulturen und Massentierhaltungen zerstört die natürliche Vernetzung und dadurch wichtige Symbiosen und kostenlose Hilfen der Selbstregulation. Dies bereitet dem Gesamtsystem auf die Dauer tiefgreifende Schäden. Je weniger wir von der unentgeltlichen Leistung intakter Ökosysteme profitieren, desto kosten- und energieintensiver wird auch die Landwirtschaft.

Man muß also die Frage stellen: Anbau – mit oder gegen die Natur? Die drei Bilder zeigen drei mögliche Strukturen ein und derselben Landschaft. Zunächst eine ursprüngliche Bauernlandschaft mit großer Produktionsvielfalt: mehrere Getreidesorten, Viehhaltung, Obst-, Futter- und Gemüseanbau; arbeitsintensiv, unrationell, aber halbwegs stabil.

Dann die gleiche Gegend. Verändert durch die konventionelle Agrarindustrie auf Kosten der Umwelt: mit großflächigen Monokulturen, abgetrennter Tierhaltung und extremer Rationalisierung. Die Fol-

Ursprüngliche Bauernlandschaft.

Großflächige Monokultur.

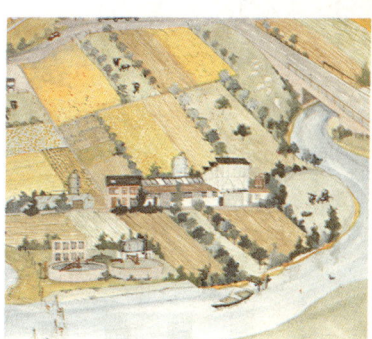

Ökologisch bewirtschaftete Agrarkultur.

111

ge ist zwar höhere Produktion, aber auch geringere Stabilität. Man ist jetzt auf überhöhte äußere Zufuhr angewiesen: Dünger, Pestizide, Maschinen und Energie – und letzten Endes, wie auch bei manch anderen wirtschaftlichen Monostrukturen, auf steigende Subventionen.

Schließlich das Bild einer modernen ökologischen Bewirtschaftung mit ebenfalls hoher Produktivität, jedoch großer Artenvielfalt, geringem Schädlingsbefall und einer ausgewogenen Balance zwischen Mensch und Natur.

Die landläufige Meinung ist, daß ökologischer Landbau gut und schön sei, aber viel zu umständlich, von geringem Ertrag und dadurch nicht wettbewerbsfähig. Das Gegenteil wurde längst in gründli-

chen agrarwissenschaftlichen Untersuchungen der National Science Foundation in den USA festgestellt.

Die detaillierte Bilanz von 32 größeren Farmen des gleichen Getreidegürtels, von denen 16 mit den üblichen und 16 mit ökologischen Anbaumethoden arbeiteten, ergab, daß die ökologische Gruppe den gleichen Ertrag und den gleichen Marktwert pro Hektar erzielen konnte wie die konventionelle Gruppe. Doch diese, mit ihren Monostrukturen und ihrem hohen Einsatz von Pestiziden, Industriedüngern und Maschinisierung, war dreimal (!) so energieintensiv wie die ökologische Gruppe und lag in den Gesamtbetriebskosten pro Hektar um 50 Prozent höher.

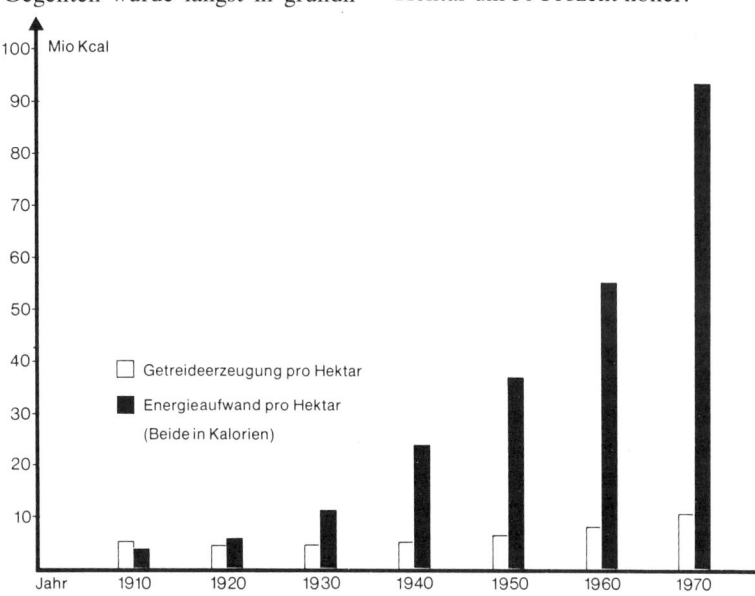

Energieaufwand und Nahrungsgewinnung.

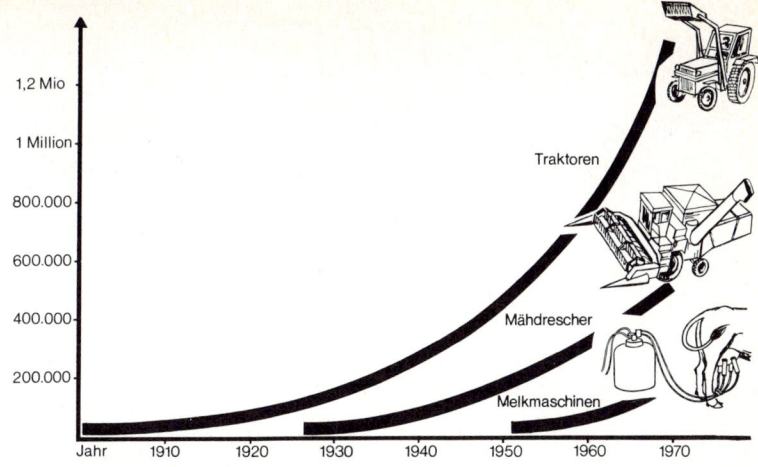

Maschinenzahl in der Bundesrepublik.

Hinzu kommt – auch das zeigen amerikanische Großuntersuchungen –, daß eine ökologische Bewirtschaftung durch ihre größere Artenvielfalt generell auch eine höhere Sonnenenergieausnutzung hat. Monostrukturierung durch Flurbereinigung, Flußbegradigung, Entfernung von Hecken und Feuchtgebieten setzt daher mit sinkender Vielfalt nicht nur die Stabilität, sondern auch die Produktivität des Ökosystems herab. Dies muß dann durch erhöhten Energieeinsatz wettgemacht werden.

Die Nahrungsmittelproduktion pro Hektar Anbaufläche hat sich zwar seit Beginn dieses Jahrhunderts verdoppelt, die dafür hineingesteckte Energie jedoch verzwanzigfacht! Die landwirtschaftliche Energiebilanz zwischen Input und Output zeigt heute das absurde Mißverhältnis von 9 : 1 (!). Ein ökologischer Anbau mit Mischkulturen unter klugem Einsatz natürlicher Kreisläufe würde ohne Produktionsverminderung den Energiebedarf schlagartig auf ein Drittel reduzieren können.

Der Trend zur Monokultur zog weiterhin eine intensive Maschinisierung nach sich. Gleichzeitig ging der in der Landwirtschaft tätige Bevölkerungsanteil von einstmals 80 Prozent auf 2,5 Prozent zurück. Ökologischer Anbau würde ohne Kostensteigerung neue landwirtschaftliche Arbeitsplätze schaffen.

Es zeugt von Unwissenheit und unvernetztem Denken, daß heute die klassische Landwirtschaft immer noch mit Milliardenbeträgen unterstützt wird, während man den ökologischen Anbau als unwirtschaftlich abtut. Dabei war dessen indirekter volkswirtschaftlicher Nutzen (über die erhöhte Wasserhalte-

113

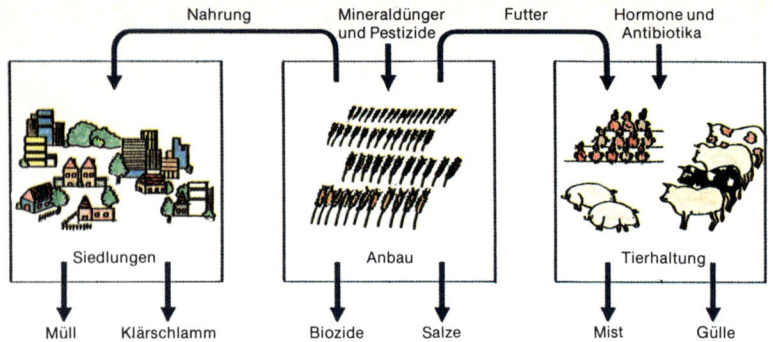

| Nahrung | Mineraldünger und Pestizide | Futter | Hormone und Antibiotika |

| Siedlungen | Anbau | Tierhaltung |

| Müll | Klärschlamm | Biozide | Salze | Mist | Gülle |

Die Konsequenzen von Monokulturen: unterbrochene Stoffkreisläufe, sechsfache Umweltbelastung, hohe Fremdabhängigkeit.

fähigkeit der Böden, die verringerte Gewässerbelastung, die gesparten Klärwerke, die rückstandsfreien Nahrungsmittel, die Vitalisierung der Böden, die verhinderte Erosion usw.) in den Berechnungen des amerikanischen Großversuchs nicht einmal berücksichtigt.

Selbstverständlich ist es nicht damit getan, einfach Pestizide wegzulassen und Industriedünger durch Kompost und Viehdung zu ersetzen. Auch hier muß man das ganze System betrachten. Erst wenn man die vielfältigen Wechselwirkungen zwischen Bodenstruktur, Klimabedingungen, Mikro- und Makrolebewelt und Produktionsweise in seine Strategie mit einbezieht, kommt man zu einer auf die Dauer profitablen und damit überlebensfähigen Form der Landbewirtschaftung.*

Die Landwirtschaft ist ein dynamisches System. Will sie überleben, so kann sie an gewissen Systemgesetzen nicht vorbeigehen. Zum Bei-

* Inzwischen wurde ein solcher Ansatz unter der Bezeichnung ›Ökoland-Projekt‹ von der Arbeitsgruppe des Verfassers in die Wege geleitet.

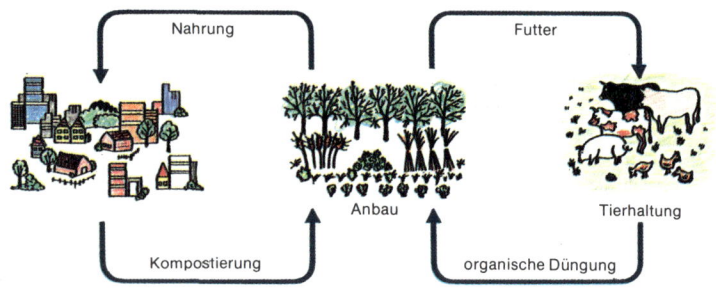

Die Konsequenzen der Diversität: geschlossene Stoffkreisläufe, Verbesserung von Bodenstruktur und Wasserhaushalt, Entlastung der Gewässer, Sanierung der Landschaft.

Monokultur von Freilandsalat.

Erosionsfläche in einem Weinbaugebiet der Pfalz.

spiel daran, daß die Stabilität eines überlebensfähigen Systems auf seiner Diversität beruht. In diesem Falle auf dem Zusammenspiel einer Vielfalt von Pflanzen- und Tierarten.

Monokulturen und Massentierhaltung sind nicht damit vereinbar. Denn hier werden Naturkräfte nicht durch geringfügige Steuerenergie zum eigenen Nutzen gelenkt, sondern es wird mit einem unnötig hohen Energieaufwand gegen sie gearbeitet. Kein Wunder, daß sich ein solches System nicht mehr alleine aufrechterhalten kann.

Noch verstellen kurzfristig erzielte Ertragssteigerungen den Blick für den Preis, der letztlich zu zahlen ist:

– Höhere Anfälligkeit der Nahrungspflanzen und Tiere.

– Hoher Bedarf an künstlichen Mi-neraldüngern und Pflanzen-schutzmitteln.

– Intensive Maschinisierung und Rationalisierung unter Wegfall von Arbeitsplätzen.

– Vergewaltigung der natürlichen Landschaft zur Anpassung an die technischen Belange.

– Rückgang der freilebenden Pflanzen- und Tierarten.

– Auslaugung der Böden bis zur Erosion.

– Gewässerverschmutzung und Schadstoffanstieg in den Nahrungsmitteln.

– Drastische Erhöhung des Energiebedarfs.

– Lange Transportwege und dadurch zusätzliche Konservierung, Verarbeitung und Lagerhaltung.

– Subventionen zum Abfangen von Überschüssen.

Teil 7

Wie sich Systeme durch Selbststeuerung nutzen lassen

Die Vernetzungen in einem System – das zeigten die letzten Themengruppen – haben uns durch Zeitverzögerungen, Rückkoppelungen und Wirkungsketten so manche unerwarteten Rückschläge bereitet.

Dieses Geschehen in seiner komplexen Dynamik voll zu erkennen und somit jenen Überraschungen vorzubeugen, scheint für den normalen Sterblichen unmöglich. Und doch gibt es einen Weg.

Vernetzungen in einem System haben eigentlich nur dann unangenehme Folgen, wenn man in grober Weise gegen grundlegende kybernetische Gesetzmäßigkeiten verstößt. So wie wenn man in der Verkehrstechnik die Zentrifugalkraft außer acht lassen würde und sich dann wundert, wenn man aus der Kurve fliegt.

Es sind dies eine Handvoll simpler Prinzipien. Zum Beispiel dasjenige des »Jiu-Jitsu«, wo man – im Gegensatz zur Boxermentalität – die Kräfte des Gegners nicht mit Gegenkraft zu vernichten sucht, sondern sie mit ein paar Hebeltricks für sich nutzt. Oder das Prinzip der Symbiose, wo artfremde Organismen durch gegenseitige Nutzung profitieren; was allerdings nur beim Zusammenleben *verschiedener* Arten (beziehungsweise Branchen, Lebensbereiche usw.), also bei kleinräumiger Diversität möglich ist. So läßt sich nicht nur auf einfache Weise jenen Folgen vorbeugen, sondern – und sei die Vernetzung auch noch so komplex – es wird auf einmal möglich, gerade jene Vernetzung geschickt und mit großem Vorteil für alle zu nutzen.

Dies ist bereits selber wieder ein Grundprinzip vernetzter Systeme: Um mit ihnen zurechtzukommen, braucht man nur ihre grobe Struktur zu erfassen und den natürlichen Systemen ein wenig ihre Tricks abzuschauen, die sich im Laufe der Jahrmillionen als nützlich erwiesen haben.

Auf diese Weise lehren uns lebende Systeme – anders als beim Studium der nichtlebenden Materie – ihre Geheimnisse weniger durch detaillierte Analyse als durch Muster und Gleichnisse.

22. Landschaft machen
Nutzung von Wechselwirkungen

Um bestimmte Naturgesetze nicht nur theoretisch, sondern auch über unsere Sinne erleben zu lassen, hat der Architekt und Künstler Hugo Kükelhaus neben anderen »Sinn-Spielen« auch die im Kasten abgebildete Sandplatte erfunden. Durch rhythmisches Klopfen werden hier Schwingungsmuster erzeugt, auf deren Ruhepunkten sich der Sand anhäuft, während sich entlang der Vibrationslinien Täler bilden.

Zum Ausprobieren

Klopft man auf eine mit Sand gefüllte Plexiglasplatte, so bilden sich durch die Wechselwirkung zwischen den Schwingungseigenschaften der Platte, der Beschaffenheit des Sandes, der Klopfstärke und der Auflagestelle in kürzester Zeit von ganz alleine Miniaturlandschaften, die man an Ort und Stelle niemals mit so wenig Aufwand konstruieren könnte.

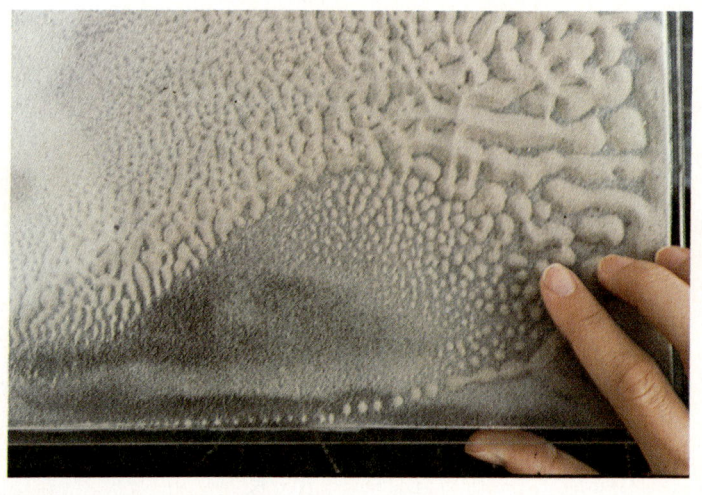

So entstehen je nach Art und Stelle des Klopfens wie durch Zauberhand herrliche Wüstenformationen, Steil-küsten, Schärenlandschaften, Fjorde und Südseeatolle. Jede Einzelheit einer solchen »Landschaft« ist

119

aus Wirkungen und Rückwirkungen mit dem »Ganzen« entstanden. Deshalb enthält auch jede Einzelheit in ihrer Form noch einen Rest des Ganzen, spiegelt in Gestalt und Lage die Wirkung auch der anderen Teile des Systems. Unser Auge und Gehirn kann dies durchaus erfassen – spürt es in Form von Harmonie und Rhythmus.

Die »künstliche« Herstellung einer solchen Sandlandschaft durch Aufhäufen, Gräben Ziehen, Verteilen und Modellieren des Sandes würde sicher die zehnfache Zeit und einen weit höheren Energieaufwand erfordern, als wenn wir wie hier die Dinge selbst aufeinander wirken lassen.

Was können wir daraus lernen? Wenn wir unsere Umwelt klug gestalten wollen, sollten wir auf die vorhandenen Wechselwirkungen achten und zunächst einmal ihre Gestaltungskräfte für uns arbeiten lassen, die den Dingen und ihrem Zusammenspiel innewohnen. Tun wir das nicht und setzen wir uns über das vorhandene Kräftespiel hinweg, so müssen wir dies mit hohem Energieeinsatz bezahlen (vergleiche Kapitel 21 und 23).

Vielfach brauchen wir gerade bei der Gestaltung funktionsfähiger Systeme kaum eigene Kraft, um etwas zu erreichen, nur Steuerenergie. Ja, eigene Kraft würde oft nur stören, mit vorhandenen Kräften kollidieren, und beide gingen in Reibung verloren. Trotz weit höherem Aufwand ist der Erfolg gleich null, und was entsteht, läßt den Zusammenhang vermissen und kann sich daher nicht alleine halten.

Blick über den nördlichen Negev in Richtung Sodom – Formationen wie auf der Sandplatte.

Wir lernen noch etwas aus unserem Sandspiel. Ist der Endzustand erreicht, die Landschaft ausgebildet, so steht sie mit den Wechselwirkungen im Gleichgewicht. Auch weiteres Klopfen verändert sie nicht mehr. Gestalten wir dagegen mit Gewalt, dann können wir weder spüren, wo wir aufhören müssen, noch ob wir vorhandene Wechselwirkungen zerstören. Haben wir einmal übersteuert, dann können wir nur noch korrigieren – mit weiterem Energieeinsatz und umständlicher Organisation.

Wir bauen Klärwerke und Ringleitungen – nachdem wir die Gewässer umkippen ließen. Legen künstliche Biotope an und Naturschutzparks – nachdem die Ökosysteme kaputt sind. Veranstalten Vogeltransporte und Bison-Impfungen – nachdem wir das natürliche Gleichgewicht zerstört haben. Errichten teure Erholungszentren im Grünen (und zerstören auch dort wieder Gleichgewichte) – nachdem wir uns in unseren Städten nicht mehr wohlfühlen. Kostspielige Maßnahmen, weil wir die Selbstregulation von Systemen durcheinanderbrachten, statt ihre ordnenden Kräfte geschickt zu nutzen.

»Nie war Natur und ihr lebendiges
     Fließen
auf Tag und Nacht und Stunden angewiesen.
Sie bildet regelnd jegliche Gestalt
und selbst im Großen ist es nicht
     Gewalt.«   (Goethe, Faust II)

23. Das Abfallkarussell
Nutzung von Symbiosen

Mit Symbiose bezeichnet man das enge Zusammenleben verschiedenartiger Organismen zum gegenseitigen Nutzen. Symbiose ist ein Grundprinzip lebender Systeme, ohne welches sich diese nie zu höheren Lebensformen hätten entwickeln können. Es gilt daher auch dieses Prinzip zu studieren und im Kleinen wie im Großen Erkenntnisse daraus zu ziehen – besonders für den wirtschaftlichen Sektor.

Gerade dort, wo heute wichtige Wechselwirkungen durch unsere Eingriffe unterbrochen wurden und statt gegenseitigem Nutzen allseitige Belastung übriggeblieben ist, muß der Mensch durch sinnvolle Kombinationen – indem er Symbiosen herstellt – eine neue profitable Selbststeuerung einführen.

Am »Abfallkarussell« der Ausstellung versuchen Kinder die günstigste Kombination von Produktion, Kosten, Energieverbrauch und Umweltschutz einzustellen.

Das Prinzip des gegenseitigen Nutzens finden wir in der Natur in allen Bereichen: angefangen von der großen Symbiose zwischen Tier- und Pflanzenwelt (genauer zwischen Photosynthese und Atmung, die für den Kohlenstoffkreislauf auf diesem Planeten sorgt) über die bekannten Fälle des Zusammenlebens von Einsiedlerkrebs und Seeanemone,

Die Symbiose der Tier- und Pflanzenwelt in der Urzeit.

von Blattläusen und den sie »melkenden« Ameisen oder von uns selbst und unseren Darmbakterien, die von unserer Nahrung leben und dafür wichtige Vitamine liefern. Ja, das Prinzip der Symbiose geht sogar bis hinunter in die Mikrodimensionen im Innern unserer

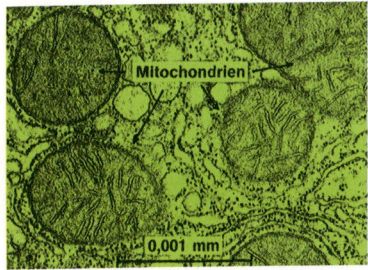

Die für die Zellatmung zuständigen Mitochondrien (20 000:1).

Körperzellen. Denn auch diese leben in einer Art Dauer-Symbiose mit Organismen zusammen, die eigentlich gar nicht zu uns gehören: mit bakteriengroßen Partikeln, den Mitochondrien, die als kleine Kraftstationen mit einem eigenen Informationsprogramm die Zellatmung besorgen; ganz ähnlich wie die Chloroplasten in der Pflanzenzelle, die dort die Photosynthese bewerkstelligen. Beide sind wahrscheinlich Überbleibsel einzelliger Ur-Bakterien, die sich vor vielen Millionen Jahren mit ebenso einzelligen »Pantoffeltierchen« zusammentaten und damit jene Symbiose schufen, mit der vielzellige Lebewesen – im einen Fall die Tiere, im anderen die Pflanzen – überhaupt erst möglich wurden.

Ein etwas moderneres Beispiel für eine überlebensfähige Symbiose zweier besonders artfremder Organismen – nämlich von Mensch und Alge – demonstrierte eine russische Wissenschaftlerin. Sie begab sich im Rahmen eines Raumfahrtprogramms in eine hermetisch von der Außenwelt abgeschlossene Kapsel – ohne Luftaustausch und Nahrungszufuhr. Dort atmete sie ausschließlich ihre durch eine Algenkultur regenerierte eigene Luft und trank ein

Das Simulationsexperiment »Raumkapsel«. Es demonstriert die überlebensfähige Symbiose Mensch-Alge.

aus ihren eigenen Exkrementen regeneriertes Wasser.

Die davon lebenden Algen waren selbst wieder eßbar und lieferten Proteine sowie Kohlenhydrate, deren Kohlenstoff bald wieder von der Astronautin in Form von Kohlendioxid ausgeatmet wurde. In der Kapsel, in der sie normalerweise höchstens eine Stunde, nämlich bis zum Verbrauch des Luftsauerstoffs überlebt hätte, verbrachte sie auf diese Weise einen ganzen Monat (!) und verließ, genauso wie die Algen, die Kapsel wieder gesund und munter.

Das »Raumschiff« Erde.

Ganz nebenbei ist auch unsere Erde eine ebensolche Raumkapsel, nur mit entsprechend größerem Durchmesser und einer entsprechend zahlreicheren Besatzung. Auch hier müssen, soll das System stabil bleiben, die einzelnen Glieder so verflochten sein, daß sie sich bei einem kontinuierlichen Geben und Nehmen die Waage halten. Bei einem so geregelten Gleichgewicht gibt es dann auch praktisch keine Abfallprobleme, weil alle Produkte wieder in den Gesamtkreislauf eingefügt werden.

Auch die Besatzung des Raumschiffs Erde wird daher bei ihrer Reise durch das All nur überleben, wenn sie ihre Wegwerf-Ideologie über Bord wirft und in Kreisläufen denkt und handelt.

Wenn in der Natur vorhandene Symbiosen und entsprechende Kreisprozesse, aus welchen Gründen auch immer, vom Menschen einmal unterbrochen sind, stellen sie sich meistens nicht mehr von alleine ein. Hier muß der Mensch durch sinnvolle Kombinationen und durch Ankurbelung neuer Symbiosen eine Steuerfunktion übernehmen, die früher die Natur erledigt hat.

Unser Abfallkarussell zeigt, daß die Lösung eben nicht darin liegt, daß man die konzentrierten Abfälle einer Nährmittelfabrik deponiert, den Siedlungsmüll ablagert oder verbrennt, daß man hunderttausende Tonnen scharf riechender Fäkalien aus Massentierhaltungen verdünnt und in die Flüsse kippt und dann ein zusätzliches Klärwerk baut oder – für die Abfälle eines Holzbetriebs – eine Anlage zur Vernichtung von Sägemehl, sondern darin, daß man solche Aufgaben in einem möglichst profitablen Kombinationsprozeß vereinigt – nicht zuletzt durch Symbiose artfremder Branchen.

Dabei werden andere Technologien, andere Marktstrukturen und auch andere Organisationsformen zum Zuge kommen, als wenn man,

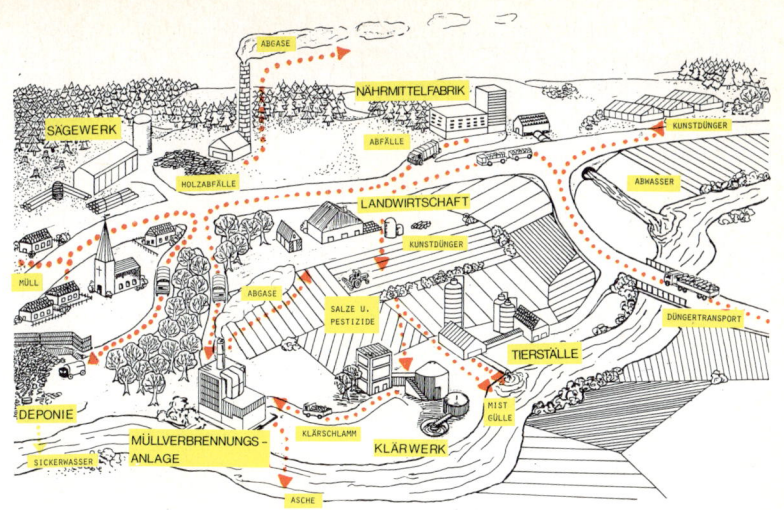

Getrennt versorgte und entsorgte Gewerbebetriebe. Hohe Umweltbelastung trotz vervielfachter Entsorgungskosten.

wie üblich, die Probleme einzeln angeht. Solange man dies tut und nur branchenorientiert denkt, wird man daher solchen Lösungen gegenüber blind sein, selbst wenn man sie vor Augen hat.

Warum sollten auch Klärwerke daran interessiert sein, phosphathaltige Abwässer mit Hilfe von Algen zu reinigen, wenn sie nicht wissen, wohin dann mit den Algen? Wie sollten Tierhaltungen ihren Mist der Landwirtschaft anbieten, wo dieser viel zu scharf und bakteriell verseucht ist? Warum sollten Holzwerke ihre Abfälle verkompostieren, wo sie wegen fehlender Nährstoffe für die Landwirtschaft uninteressant sind, und woher soll eine Nährmittelfabrik überhaupt wissen, daß ihre organischen Abfälle in Humus verwandelt werden können?

All dies ändert sich, sobald man die Probleme vernetzt, das heißt: im Verbund angeht. So lassen sich auf unserem Abfallkarussell Kombinationen finden, die schlagartig mehrere der genannten Probleme lösen. (Vergleiche die Grafik auf der nächsten Seite.)

Die Klärwerke könnten zum Beispiel sofort ihr Phosphat- und Nitratproblem mit Algen lösen, wenn jemand anders diese Algen abnähme. Genau dieser Abnehmer wären Tierhaltungen. Sie könnten wieder Stroh in ihre Ställe einführen, mit den Algen der Klärwerke Mist und Gülle hygienisieren und zur aeroben Verrottung bringen. Die Sägeabfälle und geeigneter Siedlungsmüll würden dazu das nötige organische Strukturmaterial und reichhaltig Mikroben zur Revitalisierung

125

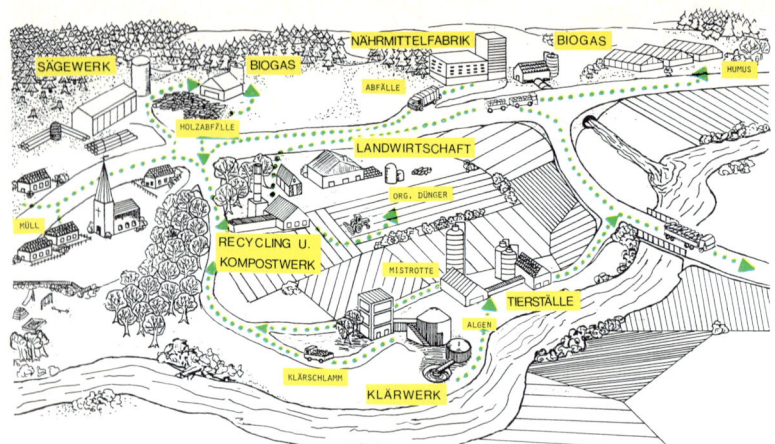

Durch Symbiose und Recycling verbundene Gewerbebetriebe. Stark reduzierte Entsorgungskosten trotz zusätzlicher Produktion. Minimale Umweltbelastung.

der Böden liefern und die Nährmittelfabriken durch Kompostierung ihrer Abfälle wertvolle Humusstoffe beitragen, so daß auch die Landwirtschaft wieder von einem hochwertigen Humusdünger mit all seinen positiven Folgen profitiert (vergleiche Kapitel 22). Die nicht verkompostierbaren Siedlungsabfälle wiederum würden der Bauindustrie Müllsteine liefern, der Papierindustrie Zellulose und als neue Energieform eine Art von Biogas.

Die gesamte, unlösbar erscheinende Situation, beginnend mit den verschiedensten Abfallproblemen und endend mit Luft- und Wasserverschmutzung, dem Umkippen von Gewässern, Fremdstoffen in der Pflanzen- und Tiernahrung und einer durch Mülldeponien und unnötige Transporte zerstörten Raumordnung könnte so ohne zusätzliche Kosten – ja mit einem riesigen Plus in der volkswirtschaftlichen Gesamtbilanz ein Ende finden.

Ein Beispiel von vielen, wo sich, für den jeweiligen Standort wieder anders, durch vernetztes Denken und durch Nutzung von Symbiosen Belastungen schlagartig verringern und Probleme kleinräumig lösen lassen. Doch Symbiose verlangt zunächst Interesse für die andere »Branche«, das heißt Informationsaustausch und Kommunikation. Der Stoff- und Energieaustausch stellt sich dann von alleine ein.

126

24. Das kybernetische Haus
Nutzung vorhandener Kräfte

Nicht nur in der Großtechnik haben wir uns an energieintensiven und damit krisenanfälligen Verfahren festgebissen. Wir tun dies auch im tagtäglichen Bereich unseres Wohnens und Lebens, verwenden eigentlich veraltete Klimatisierungs- und Heizmethoden und ersetzen gerade hier vielfach Intelligenz und Wissen durch Öl und Strom.

Ein ausgezeichnetes Beispiel dafür, wie wir auf kybernetische, das heißt steuernde, Weise vorhandene Kräfte nutzen und die eigenen sinnvoll einsetzen können, bietet die Kombination einer kybernetischen Bauweise mit neuen Recycling- und Biotechnologien. Die erstere nutzt die Naturkräfte von Wind und Sonne, die letzteren nutzen die Leistungen lebender Organismen und das Prinzip der Symbiose (vergleiche Kapitel 23).

Am Modell eines »kybernetischen Hauses« mit einer veränderbaren »Sonne« werden solche Vorgänge im kleinen nachgeahmt. Die Wirkungen lassen sich an der Wärmespeicherung der Wände, der Luftzirkulation und der zusätzlich gewonnenen Energie ablesen.

Wer seine Wohnung heizt, heizt bekanntlich heute noch bis zu zwei Dritteln die Außenluft und trägt damit in größeren Städten – abgesehen vom Energieverlust und der Abgasproduktion – auch zu den smogerzeugenden Inversionslagen bei. Durch Beachtung bauphysikalischer Gesetze kann man jedoch bei entsprechender Berechnung und Anordnung der Bauelemente gerade diese Energien für sich ausnutzen, wie dies auch ausführlich in den Energiekapiteln meines Buches ›Neuland des Denkens‹ beschrieben wird.

So spart eine kybernetische Klimatisierung in manchen Fällen bis zu 60 Prozent Brennstoff, weil sich das Haus im Winter um durchschnittlich 12 Grad gegenüber der Außentemperatur erwärmt, im Sommer um 5 bis 10 Grad abkühlt. Das Haus selbst, als Teilsystem in die Umwelt eingegliedert, steuert die Sonneneinstrahlung, den Wärmeaustausch, die Lüftung und das Tageslicht durch eine abgestimmte Kombination ihrer verschiedenen Wirkungen. Die Abstrahlung und der nächtliche Temperaturabfall werden zur Abkühlung, die Sonneneinstrahlung zur Erwärmung, der Temperaturunterschied der einzelnen Gebäudeteile und die damit zusammenhängenden Luftdruckunterschiede zur Lüftung – auch bei Windstille – benutzt.

Sonnenstand, Jahreszeit, Wind- und Himmelsrichtung, Veränderungen

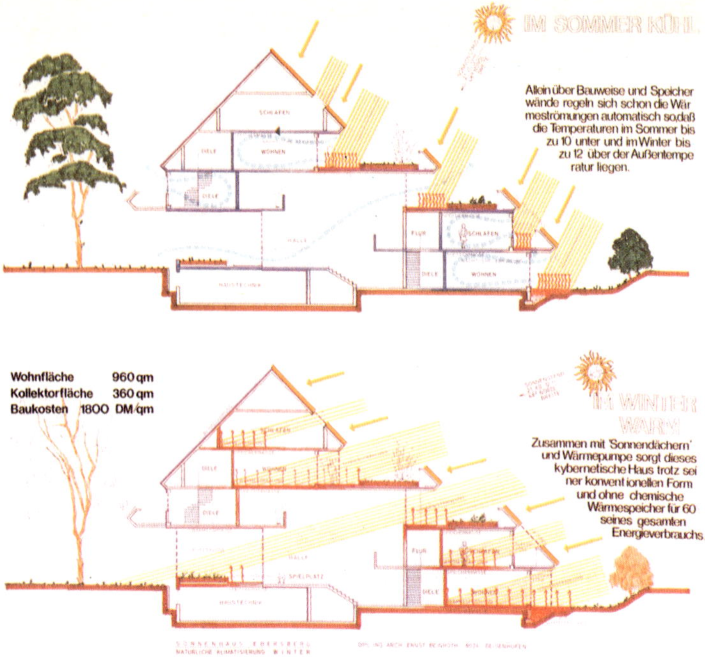

IM SOMMER KÜHL.

Allein über Bauweise und Speicher
wände regeln sich schon die Wär
meströmungen automatisch so,daß
die Temperaturen im Sommer bis
zu 10 unter und im Winter bis
zu 12 über der Außentempe
ratur liegen.

Wohnfläche   960 qm
Kollektorfläche   360 qm
Baukosten   1800 DM qm

IM WINTER WARM?

Zusammen mit 'Sonnendächern'
und Wärmepumpe sorgt dieses
kybernetische Haus trotz sei
ner konventionellen Form
und ohne chemische
Wärmespeicher für 60
seines gesamten
Energieverbrauchs.

Entwurf einer kybernetisch klimatisierten Wohnanlage.

Dieser Bungalow aus Stahlblech (ohne Wärmedämmung!) im tropischen Konakry wurde nach kybernetischen Berechnungen des Ingenieurs R. Ajoub gebaut. Er ist – ohne jede Klimaanlage – angenehmer klimatisiert als klassische Hauskonstruktionen.

128

Ein ideales kybernetisches Haus wird zur Energiefalle und versorgt sich selbst schon mit 40 bis 60 Prozent seiner Heizung und Kühlung. Durch Koppelung mit Sonnenkollektoren, Recyclinganlagen, Wind- und Biogeneratoren wäre es in seinem Stoff- und Energiekreislauf nicht nur autark, sondern im Gegensatz zu konventionellen Bauten sogar ein Energie- und Rohstofflieferant. (Ausstellungsmodell.)

der Luftfeuchtigkeit, Außenanstrich und Flächenneigung, all dies wird in ein gemeinsames Regelsystem integriert. So lassen sich selbst unter tropischer Sonne Häuser aus Stahlblech bauen, die, statt zu einem Brutofen zu werden, angenehmer klimatisieren als klassische Hauskonstruktionen mit noch so gut isolierenden Baustoffen und teuren Klimaanlagen.

Kombiniert man solche, die Umwelt sinnvoll einbeziehende und bis zu 60 Prozent an Heiz- und Kühlenergie sparende bautechnische Überlegungen mit energieliefernden »Sonnendächern«, die ebenfalls wieder (wie selbst im kalten Nordosten der USA bewiesen) zwischen 50 und 85 Prozent der Heizenergie liefern, oder auch mit einem Dachbiotop wie in dem von uns konzipierten Frankfurter Freizeit-Pueblo, und koppelt dann wiederum diese mit einem zusätzlichen Windgenerator (weitere 10 bis 40 Prozent der Haushaltenergie) und verarbeitet vielleicht noch in einer hauseigenen Recyclingsanlage die organischen Abfälle durch moderne Biotechnologien, das heißt mit Algen und Bakterien zu Heizgas, Sauerstoff und Humus (noch einmal 20 bis 40 Prozent an Energie- und Rohstoffgewinn), so dürfte allein schon diese Kombination auf alle Zeiten und kostenlos für mehr als einen vollen Ersatz der Haushalts- und Heizenergie ausreichen.

Gleichzeitig bedeutet dies aber auch: keine Fernzuleitung, keine Abhängigkeit von Krisen, von Stromausfällen und Preisschwankungen. Das wohl bekannteste »Alternativ-Haus« dieser Art ist die berühmte »Arche« auf Prince Edward Island im nördlichen Kanada, das selbst unter extremen Klimabedingungen ständig zu 100 Prozent autark ist. Das gleiche gilt für das Lingby-Haus in Dänemark und eine Reihe anderer in gemäßigten Zonen.

Angesichts der Möglichkeiten, die uns die Kybernetik bietet, fragt man sich wirklich, was unsere Ingenieurwissenschaften noch abhält, sich mit Feuereifer auf solche Technologien zu stürzen und sie für Handwerksbetriebe und Zulieferungsindustrien zur ausgereiften Form zu entwickeln.

Es ist wohl auch hier wieder das uns eingepflanzte fachspezifische Denken, das uns den Zugang zu Kombinationslösungen so schwer macht. Wir wollen Probleme wie die Energieversorgung eines Hauses, die Verwertung von Abfällen oder das steigende Verkehrschaos möglichst immer mit *einer* Methode – und mit dieser dann hundertprozentig – lösen.

Auch hieraus spricht ein simples Ursache-Wirkungsdenken, welches für komplexe Systeme keine Antenne hat; das gleiche Denken, mit dem wir, wenn auch heute weniger als früher, die Krankheiten unseres Körpers angehen: Wir suchen *das* Mittel gegen Krebs, *das* Mittel gegen Herzinfarkt.

Doch wir mögen nicht, daß das Heil in Kombinationen liegt: vielleicht in einer in vielen Punkten anderen Lebensweise. Und so mögen wir auch nicht, daß die Lösung des Energieproblems gleichzeitig in klassischen und modernen Methoden, in biologischen und künstlichen, und gleichzeitig im Sparen und im Bauen und im Speichern und im Isolieren liegt. Dazu ist vernetztes Denken notwendig und eine Technik, die auf dem Prinzip des Jiu-Jitsu basiert, vorhandene Kräfte nutzt, sie umwandelt und nicht zerstört.

Eines der Hauptmittel der Natur, die Überlebensfähigkeit von Systemen zu erreichen, ist dieses Jiu-Jitsu-Prinzip. Bestehende Kräfte und Energien werden hier durch geringfügige Steuerenergie im gewünschten Sinne gelenkt. Ganz im Gegensatz zum Boxerprinzip: Bei diesem wird die vorhandene Kraft des anderen oder der Umwelt erst mit eigener Kraft bekämpft und auf Null gebracht. Dann bringt man ein zweites Mal eigene Kraft auf für das, was man eigentlich erreichen will. Gegenüber dem Jiu-Jitsu-Prinzip also eine doppelte Kraftvergeudung.

So erklärt es sich, daß die Natur gerade auf dem Energiesektor mit dem Jiu-Jitsu-Prinzip und über Energiekaskaden, Energieketten und Energiekoppelungen jenen unvergleichlich hohen energetischen Wirkungsgrad erreicht, von dem unsere Ingenieure – von denen noch viele weitgehend das Boxerprinzip befolgen – bisher kaum zu träumen wagen.

Und doch haben wir hier die Grundlage unserer zukünftigen Technologien vor uns: »weiche«, dafür aber um so stabilere moderne Alternativverfahren, die wenig Materie und Energie benötigen, dafür um so mehr Erfindergeist und wieder handwerkliches Können – mit entsprechend mehr Arbeitsplätzen. Verfahren, die wahrscheinlich von den großen zentralen Endfertigungs- und Versorgungswerken weg zu einer dezentralisierten Fertigung und Versorgung am Ort und dafür zu einer ausgebauten, eher zentralisierten Zulieferindustrie führen würden.

Die Miniaturisierung durch die Halbleitertechnik, durch Transistoren und Mikroprozessoren hat in dieser Richtung eine erste Bresche geschlagen. Wenig Materie und ein Bruchteil der früher benötigten Energie. In den Platz, den früher eine einzige Rundfunkröhre einnahm, gehen heute 10 000 kleinster Steuerkreise mit Schaltern in Bakteriengröße. Und der Energieverbrauch sank auf ein Hunderttausendstel. Wenigstens ein Bereich, derjenige der Kommunikation und Steuerung, auf dem das Jiu-Jitsu-Prinzip, wenn auch noch unbeholfen, vielfach Fuß gefaßt hat.

Die Quellen dieses Denkens, so neu es uns scheint, sind sehr alt. Nicht nur in der Natur, sondern auch beim Menschen, wo es schon vor eineinhalb Jahrtausenden in die chinesischen Kampfkünste des Taoismus Eingang fand. Die buddhistischen Mönche des Klosters Shanin mußten sich auf der einen Seite gegen zahlreiche Räuber und Wegelagerer wehren, waren aber zugleich an das Gebot der Gewaltlosigkeit gebunden. So entwickelten sie jene »weichen« Kampftechnologien, aus denen dann später mehrere hundert verschiedene Schulen, u. a. die japanische des Jiu-Jitsu, entstanden.

Die Wirksamkeit des Prinzips beruhte also schon damals, bei der persönlichen Verteidigung der Mönche, auf Einsparen von Energie und nicht auf Vergeudung. Und das, was sich ihnen in den Weg stellte, nutzten sie, statt es zu bekämpfen.

Nichts hindert uns, auch in unseren Technologien das »Boxen« zu verlassen und mit unserem großen technischen Können dem Jiu-Jitsu zum Durchbruch zu verhelfen. Denn mit Sicherheit ist es das zukunftsträchtigere, weil einem überlebensfähigen System weit angemessenere Prinzip.

Was für die Technik recht ist, ist für deren Organisation nur billig. Auch in dem Zusammenspiel all der Glieder von Planungs- und Bauvorhaben lassen sich ähnliche Regelungs- und Steuervorgänge nutzen wie in einer kybernetischen Technik. In der Tat gelingen hier unerwartete Einsparungen, wenn man in die Planung »Vorrichtungen« einbaut, durch die sich die bei einem Projekt auftretenden Schwankungen und unvorhergesehenen Ereignisse sozusagen durch Selbststeuerung regeln.

Wie in der Realität gewöhnlich Planung und Handlung ablaufen, veranschaulicht sehr gut das Beispiel der »Hundskurve«: Ein Jäger geht durch den Wald nach Hause. Irgendwo im Dickicht ist sein Hund. Er pfeift ihm in regelmäßigen Abständen. Doch dieser, unfähig, den Weg des Jägers vorauszudenken, läuft nicht dorthin, wo er ihn am schnellstens treffen könnte, sondern jeweils in die Richtung des Pfeiftons. Bei vielen Vorhaben laufen auch wir entlang der Hundskurve. Wir hinken in Zeit und Richtung ständig der Wirklichkeit hinterher; korrigieren unseren Weg an eingetretenen Ereignissen, statt ihn von vornherein auf zukünftige Entwicklungen auszurichten.

Es gibt bereits Verfahren, zum Beispiel das KOPF-System (Kybernetische Organisation, Planung und Führung) des Architekten Heinz Grote, mit denen die heutigen Bauzeiten um ein Drittel verkürzt werden (statt wie so oft grotesk verzögert) und der Kostenplan um 15 Prozent unterschritten werden kann (statt nur allzu häufig überzogen zu werden). Bei dem volkswirtschaftlichen Gesamtumsatz der Bauwirtschaft bedeutete dies eine Einsparung von jährlich 30 Milliarden Mark! Und dies unter Beibehaltung, ja größerer Sicherung von Arbeitsplätzen.

Allein schon dieser Betrag – gewonnen durch kybernetisches Denken auf einem einzigen Sektor – macht mehr als das Hundertfache des Betrages aus, den unser Forschungsmi-

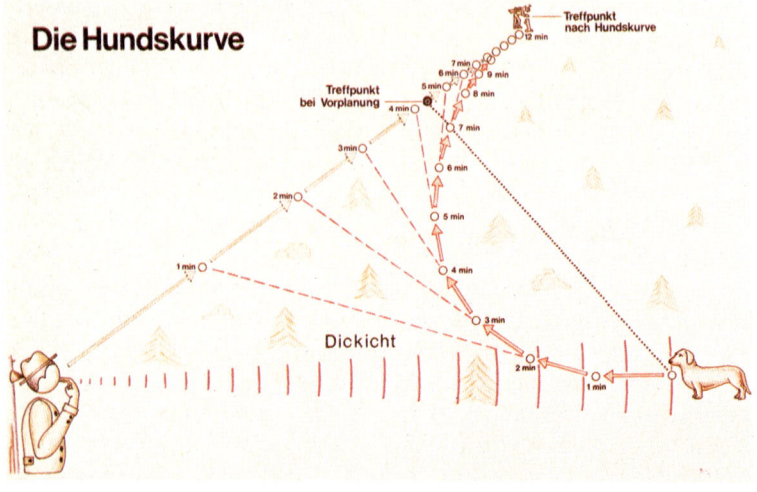

Die Hundskurve

Treffpunkt nach Hundskurve

Treffpunkt bei Vorplanung

Dickicht

132

Die Baustelle des Personalwohnheims zum Krankenhaus Höxter in verschiedenen Fertigungsphasen: nach einem Monat Bauzeit, nach drei Monaten, nach vier Monaten und nach acht Monaten das schlüsselfertige Gebäude Mitte Juni 1977. Eines von vielen Beispielen für Bauen mit kybernetischer Organisation, Planung und Führung (KOPF). Das von dem Architekten Horst Tenten und Heinz Grote mit kybernetischer Klimatisierung nach Ajoub gebaute Personalwohnheim mit seinen 90 Appartements war in 8½ Monaten schlüsselfertig! Baukosten: 3,9 statt 4,6 Millionen Mark. Auch die Bewohner profitieren: von einer Heizkostenersparnis von jährlich 10000 Mark.

nisterium derzeit für die Erforschung und Entwicklung von Alternativ-Technologien abzweigt. Etwas mehr Investition in diesem Sektor würde sich wahrhaftig lohnen.

Auch die Projektierung und der Ablauf eines Bauprozesses entspricht einem komplexen dynamischen, also kybernetischen System, das selbstregulierenden Charakter besitzt. In den Ausführungen von Tenten und Grote der »Gesellschaft für Baukybernetik« (Holzminden) heißt es:

Die Teile dieses kybernetischen Systems sind gleichberechtigte Partner, aktive Elemente mit eigener Initiative. Führungsfunktionen übernehmen heißt daher, dem Ganzen in folgender Weise dienen:

– das Informationsniveau so anheben, daß alle Partner das gemeinsame Ziel, ihren optimalen Weg und die Voraussetzungen für zielsicheres Verhalten erkennen;

– den Selbstorganisationsprozeß nicht durch Zwang bewirken, sondern durch die Einsicht der Partner, daß ihr eigener Nutzen dann am höchsten ist, wenn sie das gemeinsame Ziel akzeptieren und für zielsicheres Verhalten sorgen;

– Engpässe und Störungen nicht auszuschalten suchen, sondern ihnen durch Voraussicht begegnen und allen Partnern rechtzeitig für sämtliche Eventualitäten alle Voraussetzungen für einen kontinuierlichen Arbeitsprozeß schaffen.

Wo diese Prinzipien angewandt

werden – für ihre konkrete Umsetzung gibt es genaue Verfahren bis in die Produktionspläne der einzelnen Gewerke hinein –, gewinnt nicht mehr eines auf Kosten der anderen, sondern alle gewinnen gemeinsam am vermiedenen Verlust. Die Investoren sparen Bauzeit und Baukosten, die Betriebe verbessern trotz billigerer Baupreise ihre Erträge, die Architekten brauchen sich für dasselbe Geld weniger lange mit einer Bauaufgabe zu befassen und gewinnen Gestaltungsfreiheit, die berühmte Hektik in der Schlußphase entfällt und die Ausführenden erarbeiten ihre Prämien unter humanen Arbeitsbedingungen.

Teil 8

Wir selbst als Teil des Ganzen

Diese Themengruppe stellt den Menschen selbst, das heißt seinen eigenen Organismus in den Vordergrund. Mit jeder tieferen Kenntnis der vielen biologischen Vorgänge in uns selbst – einem Teilsystem aus wiederum gut 200 Milliarden einzelner Zellen – erkennen wir auch zunehmend das Spiel der Vernetzungen zwischen Psyche, Geist und Körper und die ihm zugrundeliegenden Regeln.

Gleichzeitig stellt diese Themengruppe unseren Organismus aber auch wieder in den Gesamtzusammenhang mit seiner Umwelt. Denn je klarer uns die biologischen Funktionen werden, die in uns walten, desto deutlicher erkennen wir damit in uns selbst die auch draußen waltenden kybernetischen Prinzipien lebender Systeme. Und so erleben wir auch uns selbst wieder neu als Teil des Ganzen.

Einen ganz kleinen Ausschnitt aus diesem Erleben sollen daher die Beispiele dieser letzten Themengruppe vermitteln.

Die Gestaltung lebender Organismen erfolgt keineswegs durch einen im einzelnen festgelegten Plan mit genauen Abständen, Längen, Krümmungen und Winkeln. Selbst zur Entwicklung hochkomplizierter Formen scheint die Natur nur wenige Schlüsseldaten in dem jeweiligen Genmaterial festzulegen. Sie nutzt – wie wäre es anders zu erwarten – auf kybernetische Weise die Kenntnis der Zusammenhänge und speichert nur wenige Steueranweisungen, die dem Spiel die Richtung vorgeben. Die endgültige Gestalt entsteht dann wie von selbst aus dem Systemzusammenhang heraus.

Wir sehen, auch in der Informationsverarbeitung sind lebende Systeme äußerst sparsam. Sie erreichen auch ohne quantitative Festlegung aller Einzeldaten exakt das gewünschte Resultat.

Die in den Chromosomen enthaltene Information läßt geometrisch hochkomplizierte Gebilde wie Ohrmuscheln, Gehirnwindungen, Organ- oder auch Pflanzenformen genau in der gewünschten Weise entstehen. Ja, oft werden subtile Gesichtszüge wie die des Mundes oder der Nase später haargenau vererbt.

So wie sich nach einem kurzen Anstoß aus einer Schliere ein komplizierter Wirbel bildet (siehe die folgende Seite), verläuft in allen lebenden Systemen die Gestaltbildung dynamisch, fließend. Nur meist viel langsamer – beim Hühnerembryo in Stunden, beim Menschenembryo in Tagen.

Wie geschieht das? Muß die Natur etwa alle Daten über Entfernungen, Krümmungen und Winkel in unseren Genen programmieren? Nun, in den Chromosomen, in dieser gene-

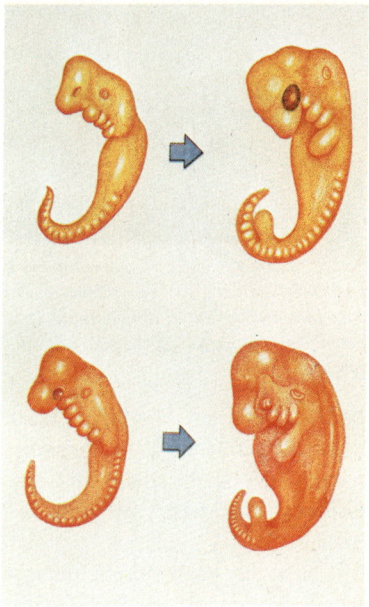

Die Gestaltbildung in einem Organismus erfolgt sehr langsam; obere Abbildung: ein Hühnchenembryo am 3. und 4. Tag; untere Abbildung: ein Menschenembryo in der 3. und 4. Woche.

137

So wie sich nach einem kurzen Anstoß auf der Basis weniger vorgegebener Faktoren aus einer Schliere ein komplizierter Wirbel bildet, verläuft auch in allen lebenden Systemen die Gestaltbildung dynamisch. Auch in einem Organismus regulieren sich die beteiligten Elemente gegenseitig und bilden aus ihrer Wechselwirkung die endgültige Gestalt.

tischen Riesenbibliothek, wäre durchaus genügend Platz dazu vorhanden. Doch die Natur hat ihre Gründe, ihn dafür nicht zu benutzen.

Mit einer Programmierung der genauen Maße würden wir Gefahr laufen, daß die eine oder andere festgelegte Bedingung schon allein wegen der vielen äußeren Störungen, auf die ein sich entwickelnder Organismus trifft, nicht eingehalten wird – und daß dadurch das ganze Programm zusammenbricht.

Betrachten wir einen der oben abgebildeten komplizierten Wirbel. Wollte man ihn auf unkybernetische Weise »planen«, müßte man hunderte von Zahlen, mathematischen Kurvenberechnungen und Koordinatenbezeichnungen genau vorgeben. Ein ungeheurer Informationsaufwand, der dennoch nicht die Garantie gibt, daß das Gebilde überhaupt entstehen kann. Denn dabei spielt die Realität mit, gibt es Störungen, Fehler und Rückkoppelungen. Ein Großteil des Plans würde vielleicht exakt erfüllt, doch einige Punkte nicht. Das Resultat: ein verzerrtes Gebilde, das nichts mit dem gemein hat, was man wollte.

Deshalb gestaltet die Natur kybernetisch. Wie in unserem Strudelmodell gibt sie nur wenige Daten vor: die Strömungsgeschwindigkeit einer plastischen Masse, vielleicht eines wachsenden Gewebes, ihre Viskosität und vielleicht die Lage und Größe eines Hindernisses. So entwickelt sich durch eine Handvoll vorgege-

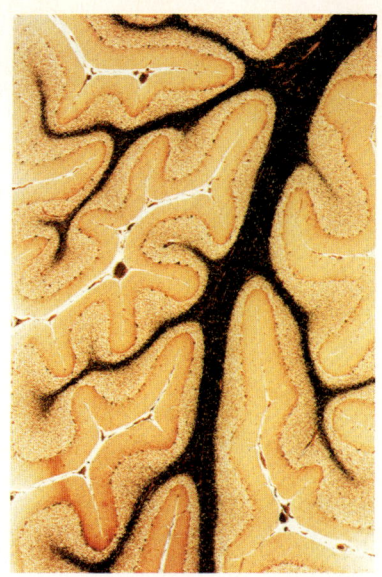

Strukturformen des menschlichen Gehirns. Diese Ähnlichkeit zeigt nur, daß die Natur nicht mit Gewalt vorgeht, sondern alle angebotenen Kräfte in eleganter Weise im eigenen Sinne nutzt.

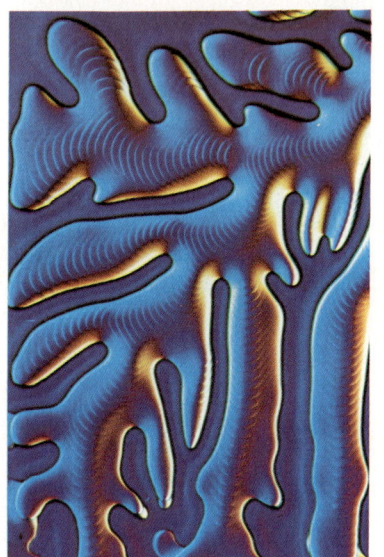

Strukturformen von fließendem Lack. Die Ähnlichkeit fließender Strukturen mit biologischen Gebilden ist verblüffend.

bener Faktoren das neue Gebilde *dynamisch*, das heißt aus dem Wechselspiel seiner Teile mit der Umwelt, der Schwerkraft und den Eigengesetzlichkeiten der Materie.

Was dann entsteht, ist vielleicht nicht in den einzelnen Daten und Abmessungen, dafür aber in deren Verhältnis, im innersten Wesen die gewollte Gestalt: mal kleiner, mal breiter, mal schlanker, mal mehr oder weniger ausgeprägt; doch so, daß die Gestalt in sich stimmt, in ihrer Unvollkommenheit vollkommen ist – und somit geeignet für die Aufgabe, die sie erfüllen soll.

Das Leben bekämpft eben nicht die

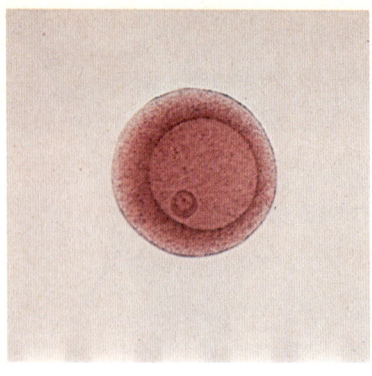 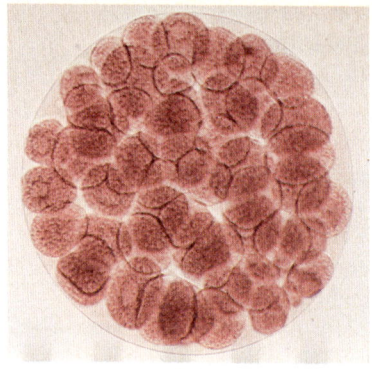

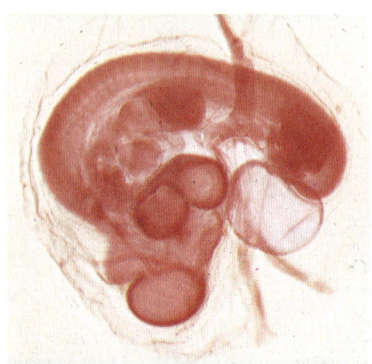 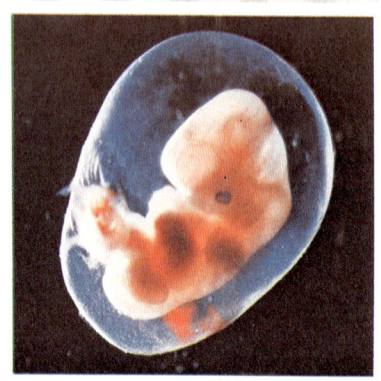

Ein biologischer Organismus entsteht aus einer einzelnen Keimzelle durch deren Teilung und Vermehrung. Dabei wirken die Kräfte der Umwelt ebenso prägend mit wie die steuernden Impulse der Erbanlagen, die schließlich den fertigen Organismus ergeben.

vorliegenden physikalischen Einflüsse, sondern versucht sie zu nutzen.

Ein sich entwickelnder Organismus fängt so die üblichen Störungen auf,

und die Natur erreicht die Garantie, daß sich die geplante Gestalt auch durchsetzt. Dem Ohr fehlt nachher nicht eine Ecke, sondern es ist vielleicht im ganzen etwas kleiner. Eine

140

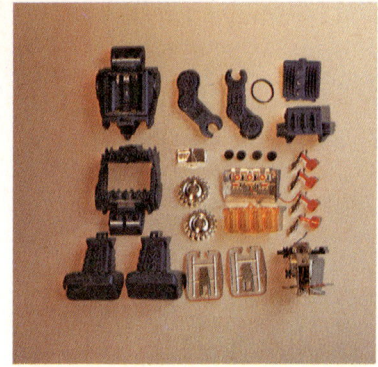

Ein technisches Gerät entsteht dagegen durch Vorfertigung aller Einzelteile, die bereits in ihrer Endform hergestellt werden. Teile, die dann genau nach Plan zu größeren Konstruktionseinheiten zusammengesetzt und schließlich zum fertigen Gerät verbunden werden.

Blüte bricht nicht plötzlich das Wachstum ab, weil vielleicht die vorgegebene Zahl der Zellen schon erreicht ist, sondern sie vollendet den Bewegungsstrom zur richtigen Gestalt, auch wenn sie mal ein wenig größer wird.

Das heißt aber, daß jede Zelle in irgendeiner Weise über das Tun aller anderen informiert sein muß –

141

also wieder einmal: Wechselwirkung und Kommunikation zwischen den Teilen des Systems. So sind es die dem System innewohnenden Gesetzmäßigkeiten, die letztlich jede Zelle unseres Körpers »wissen« lassen, wo sie sich befindet und welche Aufgabe sie daher übernehmen muß.

Auch unser Gehirn mit seinen zahllosen Windungen, Verknüpfungen und Querverbindungen bildet sich dynamisch: In den ersten Lebensmonaten, wenn es noch plastisch ist, entsteht seine endgültige Struktur. Sie entsteht in Wechselwirkung mit der Umwelt – und nicht etwa nach einem sturen Plan. So kommt unser Gehirn auf geniale Weise zu einem wirklichkeitsnahen Grundmuster, ohne welches wir mit unserer Umwelt wahrscheinlich nie in Kontakt treten könnten.

Doch durch die kybernetische Gestaltung findet die Umwelt in unserem Gehirn ein Netz, mit dem sie in Resonanz treten und Assoziationsmöglichkeiten finden kann. Und unser Gehirn erkennt sich selbst in dieser Umwelt wieder. Es entstehen Vertrautheit und Verständnis – wichtige Grundbedingungen des Lernens, des Sichzurechtfindens in dieser Welt.

Die Technologien der Biosphäre sind so vom ersten Moment ihres Einsatzes an voll und ganz in die Umwelt integriert und natürlich auch an die menschliche Natur angepaßt, die ja Teil dieser Umwelt ist. Ein biologischer Organismus entwickelt sich auf diese Weise aus einer »unfertigen« Keimzelle durch deren Teilung und Vermehrung. Das entstehende Gebilde differenziert sich dabei im ständigen Wechselspiel mit der Umwelt und führt schließlich zu einem Produkt, das quasi in dieser Umwelt zu Hause ist. (Vergleiche die Bildreihe auf Seite 140.)

Die heutigen technischen Produkte des Menschen werden dagegen zunächst in sich abgeschlossen geplant und konstruiert; nach genauen Vorgaben, ja als abgeschlossene Systeme sogar möglichst von äußeren Einflüssen abgeschottet. Auf diese

Zum Ausprobieren

Mit ganz einfachen Mitteln kann man zu einem kybernetisch gestaltenden Künstler werden: Alles, was man braucht, ist ein Waschbecken voll Wasser, etwas Zeichentusche und ein paar Blatt Papier. Träufelt man ein bis zwei Tropfen Tusche auf die Wasseroberfläche und versetzt das Wasser ganz leicht in Bewegung, so bilden sich nach und nach wunderbare Strudel- und Schlierenmuster auf dem Wasser. Nun legt man ein Blatt Papier auf die Wasseroberfläche, die Tusche saugt sich ins Papier ein und das Kunstwerk ist fertig.

Weise werden heute Zulieferungsteile bereits in ihrer Endform hergestellt, zu größeren Einheiten zusammengesetzt und ergeben so das Endprodukt, das jetzt das erste Mal mit der Umwelt in Berührung kommt, in der es benützt wird. (Vergleiche die Bildreihe auf Seite 141.)

Da aber diese Umwelt – anders als beim organischen Wachstum – hier vor der Fertigstellung des Produktes nie in dieses hineingewirkt hat, haben wir natürlich auch keine Garantie, daß die beiden, also Gerät und Umwelt, sich später miteinander vertragen.

Das Ergebnis spiegelt sich in unserer Architektur, spiegelt sich in Maschinen und Geräten, die, im einzelnen perfekt geplant, dennoch als bezuglose Objekte in eine Umwelt gesetzt werden, mit der auch sie erst nach ihrer Fertigstellung in Wechselwirkung treten, wodurch demzufolge nicht die geringste Garantie gegeben ist, daß sie mit dieser Umwelt und mit den darin lebenden Menschen zurechtkommen.

26. Gesichtsmuster
Kybernetische Wahrnehmung

Die Fähigkeit des menschlichen Auges, Muster zu erkennen, wird selbst von den modernsten Computern nicht annähernd erreicht. Denn gerade im Erfassen des »Wesentlichen« tun diese sich sehr schwer, während unser Gesichtssinn hier ein Meister ist. Unser Gehirn besitzt in der visuellen Wahrnehmung ein System, das auf einen Schlag eine gewaltige Informationsfülle als Muster erfaßt und dadurch im Erkennen unserer vernetzten Realität, im Erkennen von Systemen, weitaus mehr leistet als das Gehör, der Geruch, der Geschmack oder das Tasten.

Es ist daher kaum möglich, etwa ein Gesicht nach bloßer Schilderung durch Worte zu erkennen, auch wenn wir glauben, das Wesentliche hervorgehoben zu haben. Ein Gesicht, das wir dagegen einmal mit dem Auge erfaßt haben, obgleich wir hier Abertausende von Informationseinheiten gleichzeitig behalten müssen, können wir nach langer Zeit, auch wenn wir es nur kurz gesehen haben, oft mit völliger Sicherheit wiedererkennen, erstaunlicherweise selbst dann, wenn uns nur Bruchstücke davon angeboten werden.

Man kann annehmen, daß unser Gehirn auch viele andere Erinnerungen aus unserer Umwelt lediglich in unscharfen Bildern zu speichern braucht, dies jedoch an vielen Stellen, vielfach wiederholt und in vielen Millionen Zellen. Sieht man ein entsprechendes Bild, so entsteht ein Zusammenspiel zwischen der neu wahrgenommenen Information und den in diesen Zellen vorhandenen Mustern; also mit den bereits in unserem Langzeitgedächtnis gespeicherten Informationen und Urbildern. Aus dieser Kombination ergibt sich dann wie bei dem nebenstehenden Computer-Bild im Kasten eine in Wirklichkeit vielleicht gar nicht vorhandene Deutlichkeit

und das mit dieser verbundene Wiedererkennungserlebnis.

Unser Gehirn arbeitet wie ein Hologramm, wie jene codifizierten Fotoplatten, aus denen dann Laserstrahlen ein dreidimensionales Bild zaubern. Wenn Teile eines Hologramms fehlen, so führt dies nicht zur Verfälschung eines Bildes, sondern durch die vorhandenen Vernetzungen nur zu geringerer Deutlichkeit.

Wenn wir daher die ganze Wirklichkeit erkennen wollen, so genügt es nicht, die Details aufzunehmen. Wir müssen sie auch miteinander verbinden. Sonst erfahren wir zwar sehr viel über diese Details, aber nichts über das System und sein

Zum Ausprobieren

Schauen wir uns die unterschiedlich hellen Quadrate des Bildes an, so läßt sich aus ihnen nicht ohne weiteres erkennen, daß es sich hier um einen menschlichen Kopf handeln soll. Doch selbst diese paar Vierecke geben ganz unverwechselbar die Gesichtszüge des amerikanischen Präsidenten Lincoln wieder, sobald man sie aus größerer Entfernung betrachtet, vor allem wenn man dann noch ein wenig blinzelt.

Verhalten. Eine noch so genaue Studie des in Rechtecke aufgelösten Bildes oder der Linien in der untenstehenden Skizze wird uns – im Gegensatz zu dem noch so groben Gesamtmuster – nie erkennen lassen,

Schon ein kurzer Blick auf diese spärliche Strichzeichnung – und die bruchstückhafte visuelle Information wird in unserem Gehirn zu der Person Albert Einsteins zusammengesetzt.

daß es sich im Grunde um ein Porträt von Abraham Lincoln oder von Albert Einstein handelt.

Unsere Gabe, viele gleichzeitige Informationen zu einem Muster und damit zu einer Erkenntnis zusammenzusetzen, ist in unserem mehr oder weniger analytischen Denken fast verlorengegangen.

Solange wir die einzelnen Partien eines Systems, etwa eines städtischen Lebensraumes, für sich betrachten, wie das die Schule in ihren Fächern tut, die Universität in ihren Fakultäten, die Wirtschaft in ihren Branchen und die Verwaltung in ihren Fachressorts, solange entstehen Begriffsgebäude und Vorstellungen, die uns die Wirklichkeit in künstlich getrennten Ausschnitten präsentieren.

So finden wir den Bereich der technischen Entwicklung und seiner einzelnen Fachgebiete getrennt von denjenigen der Medien und der Meinungsbildung und ebenso isoliert von der politischen Ebene, der kommerziellen Ebene, derjenigen des Naturschutzes oder derjenigen von Produktion, Vermarktung, Konsum und Abfallbeseitigung. In Wirklichkeit spielt aber die öffentliche Meinung über das Konsumverhalten durchaus bis in die Errichtung bestimmter Fabrikationsbetriebe hinein; etwa wenn es um die Genehmigung für eine Mülldeponie, eine Bleifabrik oder einen Flugplatz geht.

Entscheidungen, die ausschließlich fachbezogen wie in der Wissenschaft, ressortbezogen wie in den Behörden oder branchenbezogen wie in der Wirtschaft gefällt werden, lassen daher vielfach die schwerwiegensten Fehler entstehen. Fehler, die das betrachtete System schädigen, krank machen oder gar zusammenbrechen lassen.

Sollten wir also nicht neben der systematischen Aufnahme von Details – ähnlich wie in unserem »Gesichtsmuster« – uns auch darin üben, das Wesentliche der Vernetzung zu erfassen? Sollten wir nicht zunehmend versuchen, unseren auf das

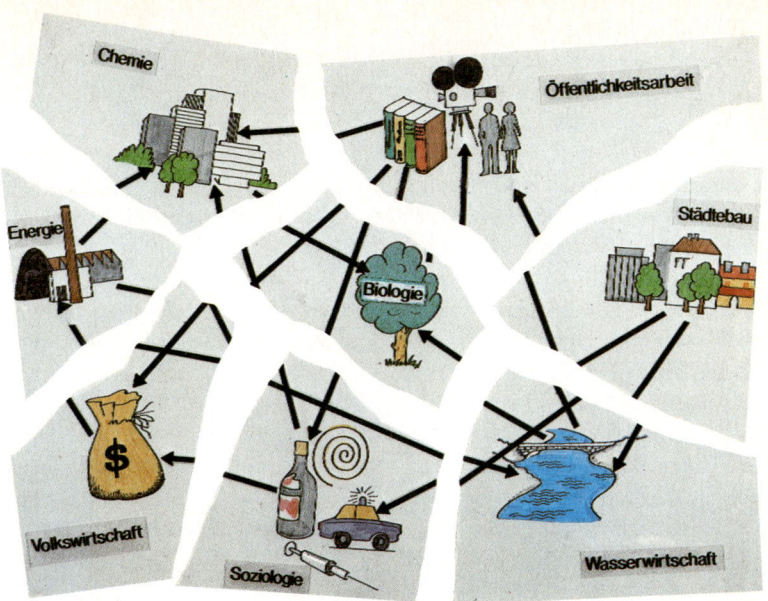

So wie auf diesem zerrissenen Bild sind wir zwar darin geübt, die einzelnen Dinge sauber getrennt nach Fach- und Lebensbereichen zu beschreiben, jedoch nicht die sie in der Wirklichkeit verbindenden Beziehungen.

Analytische gedrillten Verstand auch »holistisch«, das heißt mit Ganzheiten arbeiten zu lassen – auf eine Weise, die nicht nach Einzeldaten programmiert ist, sondern die auf Analogien basiert, Vergleiche erlaubt und mit Beispielen hantiert?

Ein solcher Ansatz, der den »Lincoln« sieht und nicht nur die »Quadrate«, wird die zukünftigen Entwicklungsmöglichkeiten eines Systems in ganz anderer Weise mit einbeziehen, als wir das in unseren herkömmlichen Planungen – sei es im Großen in der Landesentwicklung oder im Kleinen in der eigenen Familie – im allgemeinen tun.

Gehirn, Organismus und Umwelt stehen in ständiger Wechselwirkung. Sie bilden ein vernetztes System. Und unser Gehirn funktioniert um so besser, je mehr dieser Vernetzung Rechnung getragen wird.

Wenn es ums Lernen geht, wird nur allzu oft vergessen, daß der ganze Körper mit seinen Organen, Nerven und Hormonen daran beteiligt ist – und nicht nur ein paar graue Zellen der Hirnrinde. Kybernetisches Lernen heißt daher Lernen *mit* dem Organismus und nicht gegen ihn.
Ein Beispiel: Man liest in einem Lehrbuch. Im Gehirn spielt sich folgendes dabei ab:

1. Das Auge setzt den Text in Nervenimpulse um und sendet diese in das Gehirn.
2. Dort ist die erste Station das Sehzentrum. Hier wird aus den Impulsen die Form und Anordnung der Buchstaben ermittelt.
3. Das Ergebnis geht ans Lesezentrum, wo die Buchstaben entschlüsselt werden. Damit steht die »nackte Information« zur Verfügung.

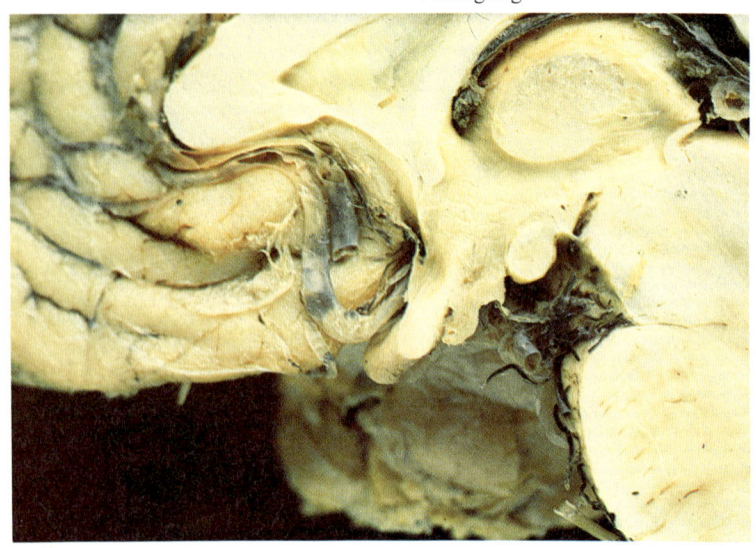

Die Hypothalamusregion des Gehirns (5:1). In dieser unter dem Zwischenhirn gelegenen Region des Hypothalamus werden viele Wahrnehmungen mit Empfindungen verknüpft und ein Großteil des Hormonhaushalts reguliert.

4. Den Sinn des Ganzen liefern dann weitere Gehirnregionen. Sie vergleichen die Worte mit im Gedächtnis gespeicherten Vorstellungen. Es entstehen Gedankenverbindungen (Assoziationen) und Erinnerungen.

5. Gleichzeitig geht die Reise aber auch ins Gefühlszentrum, ins Zwischenhirn. In diesem Gehirngebiet werden ankommende Wahrnehmungen mit Gefühlen verknüpft: mit Freude oder Schmerz, Vertrautheit, Angst oder Langeweile. Drei Nervenregionen sind vor allem daran beteiligt: das limbische System, der Hypothalamus und der Sympathikus. Aus ihrem Zusammenspiel entsteht dann jeweils eine ganz bestimmte Hormonlage.

6. Alle diese Eindrücke und Assoziationen werden wieder mit dem Text gekoppelt, mit ihm zusammen gespeichert und beim späteren Abrufen auch mehr oder weniger miterinnert. So hat unser Text in Wirklichkeit eine ganze Kette von unbemerkten Aktivitäten in uns ausgelöst – und dies je nach der Art des angebotenen Lernstoffes äußerst unterschiedlich.

Nehmen wir folgenden Text aus einem soziologischen Lehrbuch:

»... Die Nutzung der durch die Sicherstellung einer Position gewonnenen Dispositionszeit läßt die Möglichkeit zu einer sinnvollen

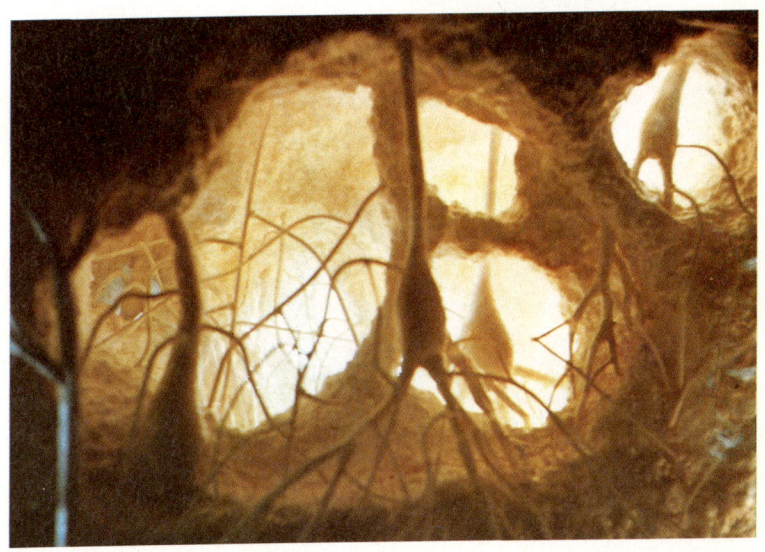

Gehirnzellen im 2000-fach vergrößerten Modell. Unser Gehirn enthält rund 15 Milliarden davon. Die über die Synapsen verknüpften Verbindungsfasern haben eine Gesamtlänge von 500 000 Kilometern.

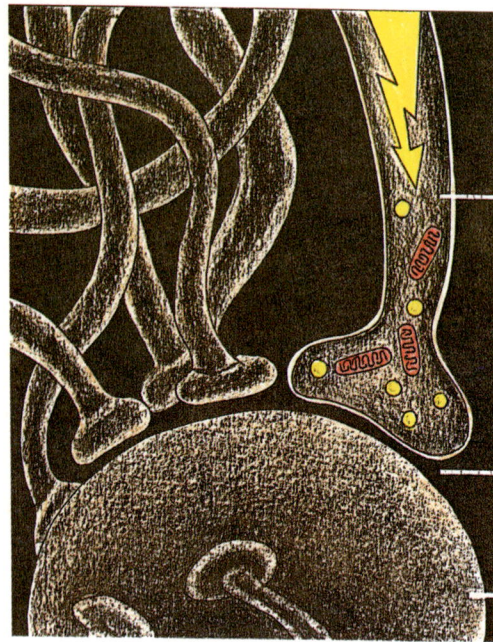

IMPULS

ES FEHLT AN TRANS-
MITTERSUBSTANZ, BZW.
BLÄSCHEN PLATZEN
NICHT

IMPULS GELANGT NICHT
ÜBER DEN SPALT

ANGRENZENDE GEHIRN-
ZELLE WIRD NICHT
AKTIVIERT

Die Synapsen (200 000 : 1). 500 Billionen Synapsen regeln den gesamten Informatios-
fluß im Gehirn. Die Impulse zwischen den Gehirnzellen müssen diese winzigen kolben-

Vertagung einer die Befriedigung von Bedürfnissen betreffenden Entscheidung aufkommen.«

Ein so unanschaulicher Text löst kaum bildhafte Erinnerungen aus. Ganze Gehirnpartien bleiben ungenutzt. So bekommen die Nervenimpulse keine Verstärkung. Sie werden immer schwächer und verlöschen schließlich ganz. Und damit verlöscht auch die empfangene Information.

Der Text ist außerdem für die meisten Leser auf Anhieb nicht ver-

ständlich. Die Gehirnzellen des Zwischenhirns melden »Unsicherheit«, »Angst« oder »Ärger« und sorgen über den Sympathikusnerv für die Ausschüttung von Streßhormonen. Diese blockieren die Synapsen, schalten sie auf »rot«. Wichtige Verbindungen zwischen den Gehirnzellen werden unterbrochen. Assoziationssperren und Denkblockaden sind die Folge. Der Text kann nirgendwo verankert und somit auch nicht »begriffen« werden. Der Lernerfolg ist null.

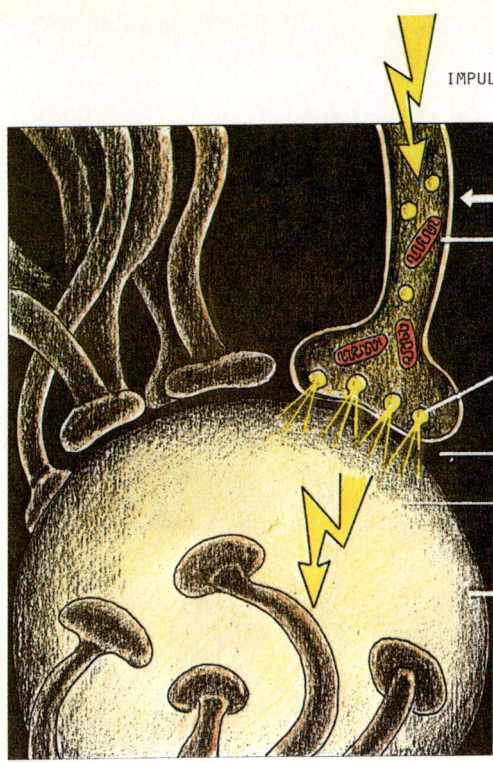

IMPULS

MITOCHONDRION

PLATZENDE BLÄSCHEN MIT
TRANSMITTERSUBSTANZ

TRANSMITTER ERGIEßT
SICH IN DEN SPALT,
MACHT ZELLMEMBRAN
DURCHLÄSSIG

IONEN WANDERN DURCH DIE
ZELLMEMBRAN

ANGRENZENDE GEHIRNZELLE
WIRD AKTIVIERT

förmigen Schalter passieren. Sie sind die Verkehrsampeln des Gehirns und müssen auf
»grün« stehen, wenn der Impuls weiterlaufen soll.

Natürlich kann man den Inhalt des obigen Textes auch anschaulich ausdrücken – wenngleich er dann weniger gelehrt klingt:

»... Von einer sicheren Stellung aus läßt sich alles viel besser planen, weil man seine Entscheidungen nicht überstürzen muß.«

Die so übersetzte Version des soziologischen Textes trifft trotz des theoretischen Inhaltes in vielen Gehirnregionen auf Resonanz. Wir können uns etwas vorstellen, sehen entsprechende Bilder, und selbst die Gehirnbereiche der Bewegung und des Fühlens empfangen einige Nervenimpulse und schwingen in gewisser Weise mit.

Ein anschaulicher Text wirkt durch seine Beziehungen zur Wirklichkeit »vertraut«. Man versteht ihn und hat ein »Erfolgserlebnis«. Auch darauf reagieren die Nervenzellen des Zwischenhirns. Sie melden »Sicherheit«, »Erfolg« und »Freude«. Eine »streßfreie« Hormonlage stellt sich ein, bei der die Synapsen, die Verkehrsampeln unserer Gehirnzel-

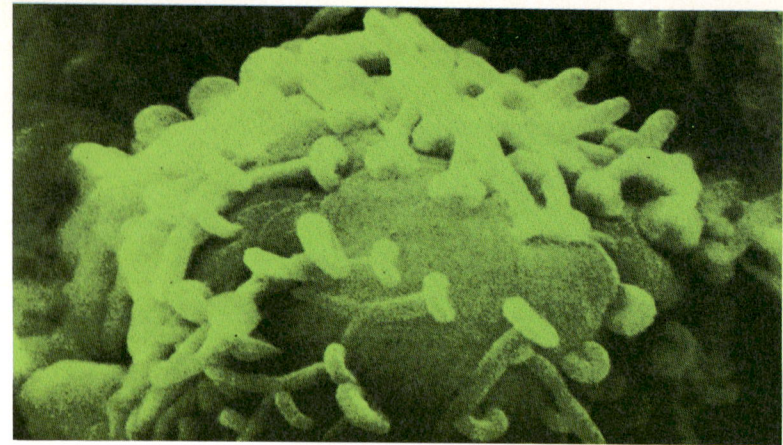

Nervenzelle mit einer Vielzahl anhaftender Synapsen. Auf manchen Gehirnzellen sitzen mehrere tausend dieser knopfartigen Schalter. Als Endpunkte der Fasern anderer Nervenzellen übertragen sie – durch einen noch geheimnisvollen Code gezielt gesteuert – die Impulse, die schließlich unser Denken ausmachen.

len, auf »grün« stehen. Genügend Assoziationen tauchen auf, die Information kann vielfach verankert und über verschiedene Kanäle abgefragt und erinnert werden. Nun erst setzt »kybernetisches Lernen« ein – mit entsprechendem Lernerfolg.

Unser kleiner Text ist übrigens kein extremes Beispiel, und Texte dieser Art sind auch nicht nur in der Soziologie zu finden. Man begegnet ihnen auf Schritt und Tritt, in Schulbüchern, Gebrauchsanweisungen, Wirtschaftsnachrichten, der Tagesschau und sicher auch – trotz all unserer Bemühungen – gelegentlich in diesem Buch.

So erleben wir zur Zeit auf erschreckende Weise, wie das realitätsfremde Eintrichtern von Wissensstoff in unseren Schulen jegliche weitere Verarbeitung des Stoffes außerhalb der Schule, das heißt im Kontakt mit der Realität, verhindert. Das Lernen wird zum bloßen Merken unter Verzicht auf die Mitwirkung wesentlicher Gehirnpartien. Dadurch verschenken wir gleichzeitig einen unentgeltlichen Lehrer, die Realität, der außerhalb der Schule für die automatische Verarbeitung und Festigung, für die »Konsolidierung« des behandelten Stoffes sorgen könnte.*

* In meinem Buch ›Denken, Lernen, Vergessen‹ sind diese und andere Zusammenhänge – auch im Hinblick auf ihren Praxisbezug – ausführlich dargestellt.

28. Der Wert eines Vogels
Die Gemeinschaft der Lebewesen

Wie schätzen wir den »Nutzen« unserer Umwelt für uns ein? Diese Frage soll hier an einem kleinen Vogel durchexerziert werden. Der Materialwert eines Vogels ist nicht hoch. Lediglich bei bestimmten Vogelarten haben Fleisch und Federn ihren Preis, gelegentlich auch ihre Haltung als »Käfigsänger«. Die meisten Sing- und Waldvögel eignen sich weder für das eine noch das andere. Bei ihnen bleibt nur der Materialwert, und der ist in der Tat gering. Er beträgt, je nach Vogelart, ungefähr 3 Pfennige.

Dies ist natürlich eine einfältige Rechnung, wie sie von einem hartgesottenen Betriebswirtschaftler aufgestellt sein könnte, der noch nie in seinem Leben von vernetzten Systemen gehört hat.

Sieht man jedoch den Vogel in all seinen Beziehungen zur Biosphäre, so muß man zu dieser Berechnung sehr viele geldwerte Leistungen, die dieser Vogel kostenlos verrichtet, hinzunehmen:

1. Die Vögel fressen Insekten – ein Blaukehlchen vielleicht 100 000 pro Jahr – und halten damit die Arten im Gleichgewicht. Sie fressen Samen und tragen damit zur Verbreitung von Pflanzen bei.
2. Vögel sind Anzeiger (Bioindikatoren) für Umweltbelastungen und wichtige Glieder im Symbiosenetz anderer Lebewesen.
3. Vögel tragen zu unserer Erholung bei (Streßabbau), und sie geben unseren Technikern wertvolle Ideen für völlig neuartige Konstruktionen (Bionik).
4. Indirekt – durch Zusammenwir-ken verschiedener Faktoren – tragen die Vögel zur Senkung der Umweltbelastung bei. Sanierungskosten werden gespart.
5. Ihre Bedrohung ruft die Bevölkerung auf den Plan, wodurch es allgemein zu einem besseren Umweltverständnis – auch bei den Politikern – kommt.
6. Man sieht nun den Vogel in seiner Gesamtvernetzung – das gesamte System wird stabilisiert, was zu Gewinnen für die Volkswirtschaft führt.

Somit ergibt sich zum Beispiel für ein Blaukehlchen, von denen in Bayern etwa noch 500 Paare existieren, ein volkswirtschaftlicher Wert von etwa 1300 Mark, 43 000-mal mehr als am Anfang unserer Betrachtungen.

Diese Zahl ist im einzelnen nicht nachprüfbar. Sie hängt zum Beispiel von der Populationsdichte in einem Lebensraum ab. Ist eine Art nur durch wenige Exemplare vertreten, so springen die Beträge in die Höhe. Der absolute Betrag ist eigentlich

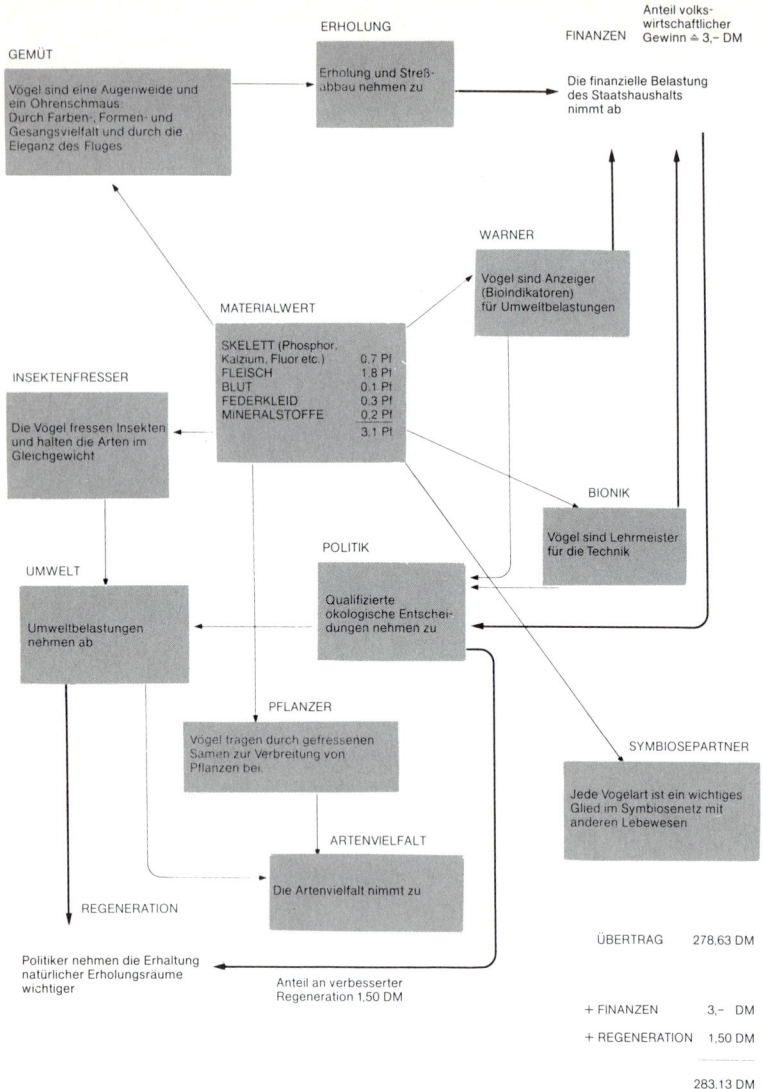

GEMÜT

Vögel sind eine Augenweide und ein Ohrenschmaus: Durch Farben-, Formen- und Gesangsvielfalt und durch die Eleganz des Fluges

ERHOLUNG

Erholung und Streßabbau nehmen zu

FINANZEN

Anteil volkswirtschaftlicher Gewinn ≙ 3,– DM

Die finanzielle Belastung des Staatshaushalts nimmt ab

WARNER

Vögel sind Anzeiger (Bioindikatoren) für Umweltbelastungen

MATERIALWERT

SKELETT (Phosphor, Kalzium, Fluor etc.)	0,7 Pf
FLEISCH	1,8 Pf
BLUT	0,1 Pf
FEDERKLEID	0,3 Pf
MINERALSTOFFE	0,2 Pf
	3,1 Pf

INSEKTENFRESSER

Die Vögel fressen Insekten und halten die Arten im Gleichgewicht

BIONIK

Vögel sind Lehrmeister für die Technik

POLITIK

Qualifizierte ökologische Entscheidungen nehmen zu

UMWELT

Umweltbelastungen nehmen ab

PFLANZER

Vögel tragen durch gefressenen Samen zur Verbreitung von Pflanzen bei.

SYMBIOSEPARTNER

Jede Vogelart ist ein wichtiges Glied im Symbiosenetz mit anderen Lebewesen

ARTENVIELFALT

Die Artenvielfalt nimmt zu

REGENERATION

Politiker nehmen die Erhaltung natürlicher Erholungsräume wichtiger

Anteil an verbesserter Regeneration 1,50 DM

ÜBERTRAG	278,63 DM
+ FINANZEN	3,– DM
+ REGENERATION	1,50 DM
	283,13 DM

gar nicht so wichtig, vielmehr kommt es darauf an, dadurch die Gesetzmäßigkeiten vernetzter Systeme verstehen zu lernen. Dann wird man auch den Wert eines Vo-

gels besser einschätzen können. Zu diesem Thema wurde auf der Internationalen Gartenbauausstellung 1983 in München ein Exponat in der Art eines Fensterbilderbuchs

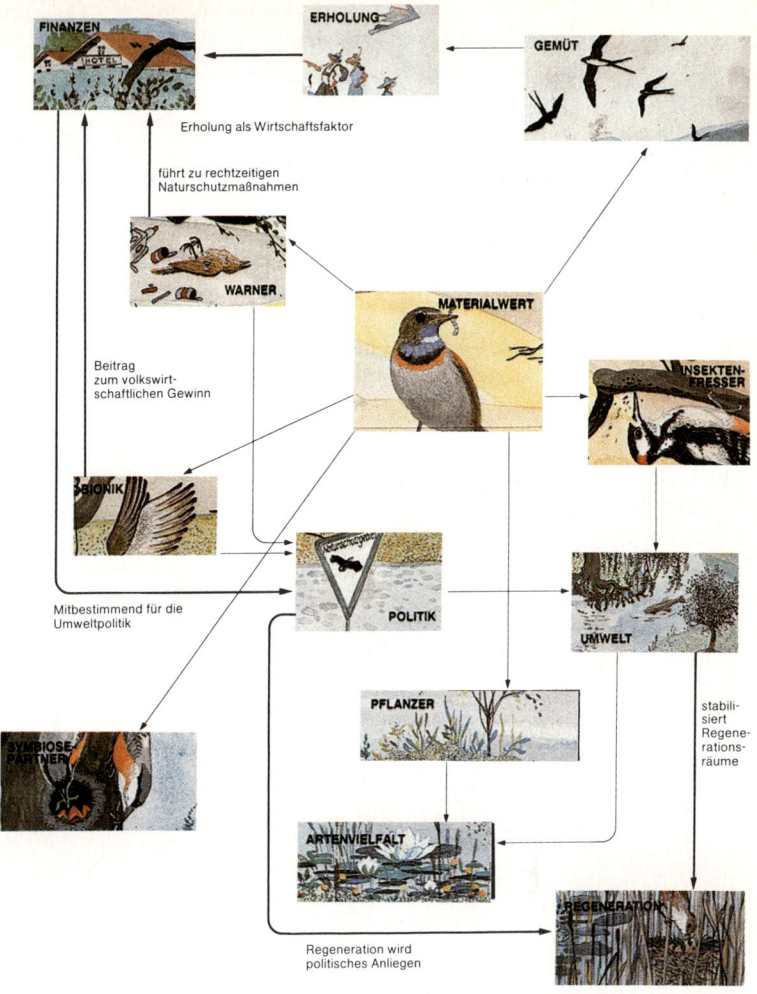

FINANZEN

ERHOLUNG

GEMÜT

Erholung als Wirtschaftsfaktor

führt zu rechtzeitigen
Naturschutzmaßnahmen

WARNER

MATERIALWERT

INSEKTEN-
FRESSER

Beitrag
zum volkswirt-
schaftlichen Gewinn

BIONIK

Mitbestimmend für die
Umweltpolitik

POLITIK

UMWELT

stabili-
siert
Regene-
rations-
räume

SYMBIOSE-
PARTNER

PFLANZER

ARTENVIELFALT

REGENERATION

Regeneration wird
politisches Anliegen

Eine der typischen Doppelseiten aus dem Buch ›Der Wert eines Vogels‹ mit den sich öffnenden Fenstern, die im Verlauf des Buchs immer mehr von der Vernetzung »frei-geben«.

(ähnlich dem ›Ei des Kolumbus‹) konzipiert, das auch im Buchhandel erhältlich ist.

Wir sahen schon im vorausgegange-nen Kapitel, daß sich wesentliche

Gründe für die Unfähigkeit, die Zu-sammenhänge vernetzter Systeme zu erkennen, in den etablierten Lernformen unserer Schule finden. Die schulische Wirklichkeit zeigt damit aber auch, daß selbst unsere eigene Ganzheit, die Einheit von Körper, Seele und Geist, zunehmend ignoriert wurde.

Wir stehen hier am Ende eines sehr langen historischen Prozesses. Denn dieser Abtrennung des Intellekts vom Körper – sozusagen ein horizontaler Trennungsschnitt – ging die Abtrennung des Menschen von seiner Umwelt und damit ein vertikaler Trennungsschnitt voraus (wie es durch die Unkenntnis der wahren Leistung eines Vogels demonstriert werden sollte).

So ist das Prinzip der Evolution ein pulsierendes Wechselspiel zwischen einer sich laufend ändernden äußeren Umwelt, dem ständigen Hervorbringen neuer Spielarten und Spezies und ihrer Weiterentwick-

lung zu der zu einem jeweiligen Zeitpunkt geeignetsten Form. So hat die Evolution über eine gewaltige Zeitspanne Lebewesen von unerhörter Differenzierung hervorgebracht und sie alle zu einem dichten Netz gegenseitiger Wechselwirkung verschmolzen. All dies in einer »wilden« Umwelt, in deren Gesetzmäßigkeit jene Lebewesen voll integriert waren.

Dann, vor 6000 oder 8000 Jahren, begann der Mensch, bis dahin ebenfalls eine in den Schoß der Natur eingebettete »wilde« Lebensform, Teile dieser Natur aus dem Evolutionsprozeß herauszunehmen, Pflanzen anzubauen, Tiere zu züchten und damit zu bestimmen, was er selbst am geeignetsten für eine Weiterentwicklung fand. Nach vielen

Der Trennung von Intellekt und Körper ging die Abtrennung des Menschen von seiner Umwelt voraus.

hunderttausend Jahren eines in die Natur integrierten umherstreifenden Jäger- und Sammlerdaseins eine einschneidende Änderung.

Wie kam es zu diesem plötzlichen Bruch? War es die zunehmende Menschendichte, die neue Anbauarten und eine gewisse Seßhaftigkeit verlangte, war es ein plötzlich erwachender Intellekt, der mit dem auftauchenden Ich-Bewußtsein eine Schwelle überschritt, vielleicht durch eine neue »Speisekarte« ausgelöst, die den Kannibalismus und das Essen von Gehirnen miteinschloß? Wir wissen es nicht.

Als die menschlichen Kulturen vor einigen tausend Jahren seßhaft wurden, begannen sich die Menschen jedenfalls nicht mehr als untrennbaren Teil der Umwelt zu sehen, sondern als ein von dieser Umwelt getrenntes Ich, das in der Lage war, diese Umwelt zu gestalten. Dies war der erste Schritt zur Abstraktion.

Mit dem Auftreten der Schule nahm die Abtrennung des Geistigen vom Körperlichen immer extremere Formen an, wodurch schließlich die Beziehung zur Umwelt und damit das Lernen auf das empfindlichste gestört wurden. Die Loslösung des Intellekts vom Organismus, die Erklärung von Begriffen durch andere Begriffe statt durch die dynamische Wirklichkeit führte zu einer zunehmenden geistigen Verengung, die vor allem das sinnvolle Umgehen mit dem gespeicherten Stoff kaum noch möglich macht. Die Trennung zwischen Geist und Körper war perfekt.

Das Denken und damit ein Teil des Lebewesens Mensch wurde plötzlich zur wichtigsten Waffe des Überlebens, wurde wertvoller als alles andere, wurde als nützlich und erstrebenswert erklärt. Das schloß die »Unnützlichkeit« des Restes, also des Körpers mit ein. Die Religionen kamen auf, Geist und Körper waren nicht mehr eins.

Der Mensch verlor von Jahrhundert zu Jahrhundert mehr das instinktive Gefühl für seine enge Zusammengehörigkeit mit der Umwelt und den anderen Lebewesen, aber auch für diejenige seines Geistes mit dem Körper. Immer mehr handelte er von nun an nicht mehr als ganzes Lebewesen, sondern als ein Teil. Der Intellekt kapselte sich ab und wurde zum Beherrscher.

Und genauso kapselte sich der Mensch vom Rest der Welt ab, erklärte sich zu deren Herr, teilte die Umwelt ein nach seiner subjektiven Meinung in »Nützliches« und »Unnützliches«. Sein logischer Verstand wurde immer mehr von der Weisheit des Körpers abgeschnitten, und er vergaß, daß auch er selbst und sein Organismus Glied des Ganzen sind und nur als solches lebensfähig.

Unsere Gehirntätigkeit, das Denken und Lernen, ist jedoch nicht etwas rein Geistiges, sondern immer eng mit zellulären, hormonellen, biochemischen und biophysikalischen, also mit materiellen, Vorgängen verknüpft. Ein Lernen ohne Rücksicht auf den Organismus und ohne über ihn die Umwelt einzubeziehen ist somit widernatürlich und unökonomisch. Die im Grunde großartige Fähigkeit zum Abstrahieren wird nicht als wichtige Technik des geistigen Arbeitens gelehrt (*eine* Technik unter mehreren), sondern sie wird zum Selbstzweck.

Neben allem, was die Zivilisation bedeutet – an Erstrebenswertem, Gutem und Schönem – bedeutete sie auch, die Natur nicht mehr in ihrer Gesamtheit zu akzeptieren, sondern isolierte Bereiche als profitabel zu deklarieren und den Rest verkümmern zu lassen oder ganz zu zerstören. Wilde Lebensformen, Gräser, Tiere und Landschaften wurden aus ihrem natürlichen Zusammenhang gelöst und zu Körnerfrüchten, Schlachtvieh und Siedlungsräumen umfunktioniert. Zivilisation als Ersatz der Gesetze der Natur durch die Gesetze des Menschen, der vergessen hatte, daß er selbst Natur war.

Die natürliche Umwelt, soweit sie verblieben war, war immer weniger in der Lage, die Folgen dieses »wild« gewordenen Einzelgliedes auszugleichen. Der Weg in eine explodierende Umweltkrise war eingeschlagen.

So bringt diese Zivilisierung, diese Abtrennung von natürlichen Kreisläufen und Zusammenhängen nicht nur deren Zerstörung durch die »Nützlich«-Erklärung von Teilbereichen mit sich, sondern auch die Umwandlung von immer mehr Gliedern in »zivilisierte« Formen und damit ihre Abtrennung von dem Jahrmillionen alten Evolutionsprozeß. Aus einer Vielzahl von wilden Gräsern wurden drei, vier Ackerfrüchte, die alleine das Feld beherrschen; Wildschwein, Wildhuhn und Wildrind wandelten sich zu Hausschwein, Haushuhn und Hausrind und endeten in den Massentierhaltungen, und wilde Landschaften wurden zu »Verkehrszentren«. Alles Lebensformen, losgelöst vom Geschehen in der Umwelt und daher nicht mehr allein lebensfähig, sondern nur noch aufrechtzuerhalten durch immer größeren Einsatz von Rohstoffen, Energie und Technik – ein Einsatz, der uns inzwischen immer mehr das Wasser abgräbt.

Der Wille zu unserem eigenen Überleben sollte uns anspornen, uns gerade mit denjenigen Gesetzen mehr zu befassen, die die uns umgebende Natur und ihre Geschöpfe anwenden, um ein für alle Teile vorteilhaftes Zusammenleben zu ermöglichen.

Denn mit jedem zerstörten Biotop – und somit auch mit jedem verschwundenen Vogel – sinkt die stabilisierende Wirkung unserer Umwelt weiter ab und verlangt nun von uns einen vielfach höheren Einsatz zum Erhalt auch unseres eigenen Lebens; einen Einsatz, den wir vielleicht bald nicht mehr leisten können.

So wie der Mensch sich von der Umwelt abschnitt, begann auch sein Intellekt sich vom Körper zu isolieren. Geist und Körper waren für ihn nicht mehr eins – obgleich kein Gedanke, kein Gefühl in uns abläuft, ohne daß Gehirnzellen und Hormondrüsen aktiviert werden, ohne daß elektrochemische Prozesse und Nervenverschaltungen ablaufen. Und ebenso geschieht auch keine Aktivität des Menschen, ohne daß nicht die Umwelt als größerer Organismus davon betroffen ist.

Das erste Papiermodell im Maßstab 1:20 für die Ausstellung.

Was hat die Ausstellung ›Unsere Welt – ein vernetztes System‹ bewirkt?
Ein Bericht von Christian Bachmann

Nach einer bereits zu einem Jubiläum Anlaß gebenden Wanderzeit von fünf Jahren – sicher ein Rekord für eine solche Ausstellung – ist es gewiß nicht unangemessen, eine Bilanz zu ziehen darüber, wo, bei wem, wie und wodurch diese ungewöhnliche Ausstellung, die bis heute nichts von ihrer Aktualität verloren hat, ihre Spuren hinterlassen hat. Eine solche Wirkungsbilanz läßt sich nicht in »unvernetzten« Ursache-Wirkungs-Dimensionen beschreiben. Die Ausstellung, selbst Element eines vernetzten Systems, ist der sinnlich erfahrbar gemachte Ausdruck eines Denkens, das die vielseitigen Tätigkeiten von Frederic Vester schon seit Jahren prägt.

Beim Bau des Exponats »Gewichtfahren«.

Aus diesem Denken heraus entstanden Systemstudien, von denen eine* den Anstoß zur Wanderausstellung, zum Ausstellungskatalog und damit zu diesem Taschenbuch gab, entstanden Bücher wie ›Das Überlebensprogramm‹, ›Das kybernetische Zeitalter‹, ›Denken, Lernen, Vergessen‹, ›Phänomen Streß‹, ›Neuland des Denkens‹ – um nur einige zu nennen –, entstanden Fernsehsendungen zu vielen von diesen Büchern, entstanden Vorträge, Seminare, Symposien, Rundfunkbeiträge, Interviews usw. Kurz: Die Ausstellung ›Unsere Welt – ein vernetztes System‹ ist ebenso die Auswirkung eines in sich vernetzten Informationssystems, wie sie als Teil dieses Systems an dessen Wirkungen beteiligt ist.

Das beginnt schon bei dem Wort »vernetzt«. Es wurde als neues Adjektiv von Vester dem Ausstellungstitel einverleibt und löste noch vor wenigen Jahren bei den meisten Leuten verständnisloses Kopfschütteln aus. Heute, genauer seit 1981, steht das Wort im sechsbändigen Großen Duden, als anerkannter Begriff der deutschen Umgangssprache. Nachforschungen

---

* ›Ballungsgebiete in der Krise‹ (jetzt als dtv-Taschenbuch, München 1983).

Autor und Grafikerin beim Layout für das Exponat »Was ist ein System«.

würden wahrscheinlich ergeben, daß dabei eine gewisse Wanderausstellung eine nicht unbedeutende Rolle gespielt hat ...

Niemand wird je erfahren, wie oft das Wort »vernetzt« bei den hunderten von Zeitungen, die über die Ausstellung berichteten, hin- und zurückkorrigiert wurde. In einer großen schweizerischen Tageszeitung behielt der Setzer recht: »Unsere Welt, ein verletztes System«, so war in der Überschrift zu lesen, sei der Titel einer wichtigen Ausstellung über die Zerstörung unserer Umwelt. Ein Mißverständnis mit einem leider nur allzu richtigen Sinn. Ein polnischer Zeichner setzte dieses Wortspiel, wohl mit Absicht, in ein einprägsames Bild um: Man sieht eine Uhr, deren Zeiger auf viertel vor zwölf stehen; auf dem letzten Viertel des Zifferblattes wächst üppige Vegetation, aber der unerbittlich vorrückende Minutenzeiger hinterläßt eine trostlose Betonwüste. Der Sprung von Wortspielereien zur harten Realität kann sehr klein sein. Andererseits dokumentiert der Gebrauch eines neuen Wortes nicht auch schon eine neue Denkweise. So scheinen nicht wenige Politiker und Manager, die »vernetzt« zu ihrem persönlichen Modewort gemacht haben, um Übersicht und Durchblick zu demonstrieren, noch immer in den alten eingleisigen Bahnen zu denken.

Dennoch sind deutliche Anzeichen einer neuen Bewußtseinsbildung zu erkennen. Gerade die Wanderausstellung hat dies deutlich gemacht. In den

Beim Aufstellen des Trägersystems aus farbig gebeiztem Holz.

rund fünf Jahren, in denen die Ausstellung bis zur Drucklegung dieses Taschenbuches unterwegs war, stiegen die Besucherzahlen auf insgesamt 750000, und die Zahl der gastgebenden Städte erreichte mit Berlin (dort zweimal) im April 1983 eine runde 50.

Es ist wohl kein Zufall, daß dieses wachsende Interesse unserer Gemeinden und breiter Bevölkerungskreise in eine Zeit fällt, in der sich Fehlplanungen so deutlich wie nie zuvor bemerkbar machen. Das Waldsterben durch sauren Regen und die Arbeitslosigkeit, vor allem bei der Jugend, sind nur zwei von den Symptomen einer weltweiten Umwelt- und Wirtschaftskrise, die heute Schlagzeilen machen.

Die Rede, die der damalige Bundespräsident Walter Scheel am 7. Mai 1978 zum 75jährigen Jubiläum des Deutschen Museums in München und zur Eröffnung der Wanderausstellung hielt, ist heute noch genau so aktuell wie damals. Das Kernstück dieser Rede lautete:

»Der Glaube an die Naturwissenschaft und an die Technik ist gebrochen. Wenn ein Glaube zusammenbricht, breitet sich Unsicherheit aus. Unsicherheit ist nicht in jedem Fall etwas Schlechtes. Sie kann der Anfang vom Ende, sie kann aber auch der Beginn einer neuen Hoffnung sein. Sie kann uns befähigen, begangene Fehler zu erkennen und zu korrigieren und uns sinnvollere Ziele zu setzen.

Was nun waren die Fehler der wissenschaftlich-technischen Entwicklung, und wie konnte es zu ihnen kommen? Auf diese Frage gibt es sicherlich viele Antworten. *Ich* glaube den klugen Leuten, die uns sagen: Wir haben

Selbst der Besuch von Bundespräsident Walter Scheel konnte die Kinder nicht vom Computerspiel abhalten.

die Möglichkeiten naturwissenschaftlichen und technischen Denkens überschätzt und den unendlichen Zusammenhang der Natur unterschätzt. Das exakte Denken der Naturwissenschaften ist zwar ungeheuer effektiv – aber nicht umfassend. Große Männer der Naturwissenschaft, wie zum Beispiel Werner Heisenberg, haben das, glaube ich, immer gewußt, ja ich vermute, daß ihre großen naturwissenschaftlichen Leistungen ihre entscheidenden Anstöße aus einem Denken erhielten, das über das engere naturwissenschaftliche Denken weit hinausreichte. Aber den Studenten der Naturwissenschaft, der Technik, der Nationalökonomie wurde dieser Zusammenhang auf den Universitäten kaum noch gelehrt. Das einschichtige naturwissenschaftliche, technische, wirtschaftliche Denken nahm allmählich einen so breiten Raum in vielen Köpfen ein, daß für ein umfassenderes Denken kaum noch Platz blieb.

Wenn ich vom einschichtigen Denken spreche, so schließt das natürlich die höchste Subtilität nicht aus. Ja, gerade weil dieses Denken nur der strengen Logik verpflichtet ist, konnte es schwindelnde Höhen der Abstraktion erklimmen. In diesen Höhen ging nun auch der Zusammenhang der immer zahlreicheren Naturwissenschaften *selbst* immer mehr verloren. Wissenschaftler beklagten immer lauter, daß sie kaum noch ihr Spezialgebiet überblicken könnten. Je weiter man forschte, desto unübersichtlicher wurde das Ganze.

Eine ähnliche Entwicklung gab es in der Technik, in der Wirtschaft, in der Politik. Technischer und wirtschaftlicher Fortschritt führten zu immer größerer Spezialisierung, und damit zu immer größerer Komplexität der Gesamtsysteme Technik und Wirtschaft – und damit auch der Gesellschaft. Überall wurde versucht, den auftauchenden Schwierigkeiten durch die Ausbildung neuer Spezialisten zu begegnen. Arbeitsteilung auf Arbeitsteilung erfolgte. Immer mehr Techniken, immer mehr Produkte, immer mehr Ministerien und Ausschüsse und Kommissionen waren die unausbleibliche Folge. Wie sich dies alles untereinander und zum Menschen und zu unserer Kultur, und wie sich dieser ganze unendliche Komplex zur Natur verhielt, entschwand mehr und mehr dem Blick.

Heute beginnen wir wieder zu erkennen, daß Wissenschaft, Technik, Wirtschaft, Kultur, Gesellschaft, Politik je einzeln sehr komplexe Systeme sind, die ein einziges großes System bilden, das seinerseits mit der Natur ein Gesamtsystem bilden muß, soll die Lebensgrundlage des Menschen erhalten bleiben. Wir beginnen zu erkennen, daß wir kein einziges Problem lösen können, wenn wir es außerhalb seines Gesamtzusammenhangs lösen wollen.

Was also ist zu tun?

Mit vielen nachdenklichen Menschen glaube ich, wir müssen unser Denken ändern. Wir müssen die Methode, ein Problem erst zu isolieren, bevor wir es lösen, aufgeben und zunächst den Gesamtzusammenhang, in dem es steht, zu erkennen suchen. Wir müssen in größeren Einheiten denken lernen. Das gilt für alle Bereiche unseres Lebens: für die Wissenschaften, die Technik, die Wirtschaft, die Massenmedien und nicht zuletzt auch für die Politik. Das gilt für alle Gruppen der Gesellschaft. Ich bin fest davon überzeugt, daß keine Gruppe ihre Interessen noch richtig definiert, wenn sie *nur* ihre Partikular-Interessen im Auge hat und vergißt, daß die Lebensfähigkeit der Gesamtgesellschaft die erste und wichtigste Bedingung ihrer eigenen Existenz ist.«

Der Bundespräsident kam dann auf die Worte zu sprechen, mit denen Frederic Vester die Ausstellung eröffnet hatte – eine schonungslose Zusammenfassung der globalen Umweltzerstörungen, die schon nach wenigen Jahren nicht einmal mehr einen wirtschaftlichen Nutzen abwerfen –, und zitierte eine Passage aus Hans A. Pestalozzis Geleitwort zum Ausstellungskatalog, das in der Forderung nach neuen wirtschaftlichen Zielvorstellungen und gesellschaftlichen Wertmaßstäben gipfelte. Und der Bundespräsident führte weiter aus:

»Ich muß sagen, ich habe noch in keinem Kommentar eine so kurze und präzise Zusammenfassung alles dessen gefunden, was ich in vielen Reden öffentlich ausgesprochen habe. Vor mehr als einem Jahr habe ich hier in München gesagt: ›Wir müssen uns fragen, ob die bisher erfolgreiche Methode der Lösung von Einzelproblemen ... für die Zukunft hinreichend ist ... Denn alles hängt miteinander zusammen. Keine politische Frage kann mehr als Einzelproblem behandelt werden; jede kann nur noch in einer politischen Gesamtkonzeption sinnvoll beantwortet werden. Solche politischen Gesamtbilder zu erarbeiten erscheint mir als die große Aufgabe der Politik am Ende dieses Jahrhunderts.‹«

Scheel erinnerte auch daran, daß »vernetztes Denken« keineswegs ein neues Denken sei, sondern daß man es schon bei Alexander von Humboldt mit seinem Begriff des Kosmos und bei Goethe mit seinem Satz »Bezüge sind das Leben« finden könne:

»Wir brauchen nicht bei Null anzufangen. Vieles liegt in unserer eigenen Kultur bereit, was uns Mut und Kraft geben kann, das große geistige Abenteuer zu bestehen, das uns die Zeit abverlangt: alles, was wir als einzelnes zu sehen gewohnt waren, in seinem größeren Zusammenhang zu begreifen. Denn das ist ja nicht nur mühselige Arbeit. Das ist auch eine bereichernde geistige Eroberungsfahrt. Wenn wir die Zusammenhänge erkennen, werden wir uns, unsere Gesellschaft, unsere Kultur, die Natur besser und reicher verstehen, ja, eigentlich werden wir sie erst dann richtig verstehen.«

Ganze Schulklassen verlegen ihren Unterricht in die Ausstellung.

Schöne Worte, gewiß; und bis zu Taten ist ein weiter Weg, auch wenn die schönen Worte ehrlich gemeint sind. Dennoch bieten Bekenntnisse zum Umweltschutz, auch wenn viele Politiker und Wirtschaftsmanager sie nur als Lippenbekenntnisse im Munde führen, eine Chance: Die Bevölkerung kann die Worte zum Nennwert nehmen und Taten verlangen. Wer sich erst einmal verbal exponiert hat, kann dann solche Forderungen nicht mehr so ohne weiteres unter den Tisch wischen. Das wiederum setzt voraus, daß die Bevölkerung sensibilisiert und über die Zusammenhänge gut informiert ist.

Dazu hat die Wanderausstellung in großem Maße beigetragen. Das zeigen zum Beispiel die Eintragungen im Besucherbuch, das bei der Ausstellung auflag: Immer wieder taucht da die schnell hingekritzelte oder sorgfältig ausformulierte Forderung auf, die Entscheidungsträger sollten mal kommen und sich die Ausstellung ansehen. »Schickt die Politiker zum Denken!« – so lautet die wohl prägnanteste Zusammenfassung eines Besuchers zu diesem Thema.

Sehr oft kamen sie sogar, die Politiker, wie zum Beispiel im März 1981 in Würzburg, wo der gesamte Stadtrat, zusammen mit Vertretern des Stadtplanungsamtes, die Ausstellung besuchten. Drei Monate später, im Landesgewerbemuseum Karlsruhe, war die Ausstellung Anlaß für eine Podiumsdiskussion von Fachleuten über die Probleme der Landesplanung. Dabei unterstrich Dietrich Schmidt, Direktor des Regionalverbandes Mittlerer Oberrhein, die Dringlichkeit einer Bauplanung, die in einem gesunden Verhältnis zur Landschafts- und Flächennutzungsplanung stehen müsse, wobei man in der Planung ökologische Gesichtspunkte und die Bedürfnisse der Bürger berücksichtigen müsse. Auch viele andere Planer forderten, daß die in der Ausstellung dargestellten Zusammenhänge unbedingt in die praktische Planung einfließen müßten.

Immer mehr Politiker übernahmen schließlich selber die Eröffnung der Ausstellung und nutzten ihre Ansprache zu einem – manchmal vielleicht erstmaligen – Bekenntnis zur Notwendigkeit, auch ihre eigene Arbeit mehr im Systemzusammenhang zu betrachten – wie der bayerische Umweltminister Alfred Dick im Juli 1982 bei der Eröffnung in Bayreuth oder der neue Umweltsenator Vetter im April 1983 in Berlin.

Am ersten Ort der Ausstellung, in München, mußte wegen des großen Besucherandranges um 14 Tage verlängert werden; es wurden 21 000 Besucher gezählt. Dies ist die größte Besucherzahl, die je bei einer wissenschaftlichen Sonderschau dieser Art im Deutschen Museum zu verzeichnen gewesen war. Das Interesse der Bevölkerung beschränkte sich keineswegs nur auf die Ausstellung selbst, sondern führte zu Aktionen wie etwa jener der SPD des Landkreises München, die in ihrer Zeitung ›Wir Landkreis-Münchener‹ auf aktuelle und drohende Gefahren in der Entwicklung des Ballungsgebietes hinwies und die Bevölkerung in einer Umfrage aufforderte, sich zur Frage der Lebensqualität in ihrem Wohngebiet zu äußern. Über tausend Bürger fühlten sich angesprochen und registrierten in ihren Einsendungen hauptsächlich die Zersiedelung, den Lärm (der Straßenlärm wurde als störender empfunden als der Fluglärm) und zu lange Arbeitswege, wobei für die Abgeordneten die oft sehr spezifischen Unterschiede in der Verteilung auf die einzelnen Gemeinden eine wichtige Aussage waren.

Dieses Beispiel zeigt, auf welche Weise die Wanderausstellung ›Unsere Welt – ein vernetztes System‹ gewirkt hat: durch Denkanstöße auf breiter Front, die dann im Einklang mit bereits vorhandenen Wünschen nach einer menschenfreundlicheren Umwelt einen positiven Kreisprozeß der Bewußtseinsbildung in Gang setzten. Dessen Wirkung darf bei allem berechtigten Pessimismus nicht unterschätzt werden. Dieser Pessimismus ist aus vielen Eintragungen im Besucherbuch herauszulesen. Schon auf den ersten Seiten meint ein Besucher: »Diese Ausstellung hätten wir schon zwanzig Jahre früher sehr, sehr nötig gehabt«, und dieses Gefühl des Zu-spät-Kommens äußert sich in vielen anderen Beiträgen. Ein weiteres Grundthema bei vielen Besuchern ist das Gefühl der Ohnmacht: »Was können wir schon tun gegen Bürokratie, Großindustrie und Wirtschaftsbosse . . .?«

Wahrscheinlich doch mehr, als den meisten Menschen bewußt ist. Die

Schüler am Exponat »Berufsflipper«.

167

Besondere Attraktion der Ausstellung waren ihre mechanischen und dynamischen Modelle.

Macht des Aha-Erlebnisses, des Gefühls, die Zusammenhänge besser zu durchschauen als viele Planungsexperten, die einseitigen Sachzwängen verpflichtet sind, kann einiges bewirken. Die Eintragungen im Besucherbuch zeigen deutlich, daß die Ausstellung das erwähnte Aha-Erlebnis in außerordentlich großem Maße vermittelt hat. Da wurden nicht bloß wissenschaftliche Kenntnisse weitergegeben, sondern das Erlebnis, daß selbst komplizierte Zusammenhänge unmittelbar erfahrbar sind. Das neue Selbstbewußtsein des Laien gegenüber den Fachspezialisten, das auf der Grundlage solcher Erfahrungen wachsen kann, ist wohl *die* entscheidende Wirkung der Ausstellung.

Sie zeigte sich zum Beispiel darin, daß Planungsfehler schonungslos angeprangert wurden, so etwa in der Pinneberger Zeitung vom 28. Januar 1981. Unter dem Titel »Die Müllfabrik eine Fehlplanung – Sehenswerte Ausstellung in der Kreissparkasse Pinneberg macht es deutlich« kritisierte die Zeitung, daß hier (im Vergleich zu Müll-Recycling und -Kompostierung) die aus dem Müll gewonnene Energie ungenutzt in den Himmel gepustet werde, während zur Heizung der Betriebsgebäude und zur Verbrennung des Mülls für Millionenbeträge Heizöl verbraucht werden müsse.

Von Fehlplanung und Gigantomanie war in all den vielen Symposien, Podiumsdiskussionen und Vorträgen, die im Rahmen der Wanderausstellung durchgeführt wurden, oft die Rede. Im Juni 1981, als die Ausstellung in Dannenberg gastierte, unweit von Gorleben, wurde die unheimliche Vision von 25000 Brütern beschworen, die bei weiterem Ausbau der Atomenergie zum unausweichlichen Sachzwang werden könnte.

Atomenergie – ein weiteres Stichwort, das mit Wirkungen der Ausstellung verknüpft ist. Im Besucherbuch wurden um das Exponat »Das faule Ei des Kolumbus« lebhafte Diskussionen zu Papier gebracht: Da wurde mit Pfeilen zustimmend oder mißbilligend auf Eintragungen von Mitbesuchern verwiesen, was in die meist sittsam aneinandergereihten Beiträge einen Hauch von spontaner, schöpferischer »Vernetzung« hineinbrachte. »Das Ei des

Das Ei
des Kolumbus
Ein Energiebilderbuch
von Frederic Vester

Umschlag des Buches ›Das Ei des Kolumbus‹.

Kolumbus paßt qualitätsmäßig leider nicht in diese Ausstellung«, kritisierte
ein Besucher, und der nächste widersprach ihm gleich: »Das faule Ei ist das
eigentliche Thema dieser Ausstellung.«
Anfang Juni 1978 machten zwei Besucher in ihrer Eintragung den »unbe-
dingten Vorschlag«, das faule Ei des Kolumbus als Bilderbuch herauszuge-

ben. Dieser Vorschlag wurde noch im selben Jahr verwirklicht, und 1979 brachte der Kösel-Verlag in München den Titel in Form eines neuartigen Fenster-Bilderbuches heraus.

Scharfe Angriffe der Atomindustrie ließen nicht lange auf sich warten. Im Oktober 1980 veröffentlichte die Gesellschaft für Reaktorsicherheit in Köln eine polemische Buchbesprechung unter dem Titel »Das faule Ei des Dr. Vester«. Darin wurde auf zahlreiche angebliche Unrichtigkeiten hingewiesen und mit abfälligen Bemerkungen wie »grotesk«, »Schmarren« usw. keineswegs gespart. Der Streit um die faulen Eier endete schließlich damit, daß die Vorwürfe der Atomlobby in sich zusammenfielen und hohe Vertreter der beteiligten Elektrowirtschaft einräumen mußten, daß die Kritik an dem Bilderbuch in dieser Form nicht berechtigt gewesen war – zumal die darin aufgezeigten wirtschaftlichen Rückschläge nach und nach einzutreten begannen. Der Bau von Kernkraftwerken in den USA ist praktisch zum Erliegen gekommen, und die einst so beneidete französische Elektrizitätsgesellschaft EDF steuerte mit ihrem ehrgeizigen Atomprogramm über einen Schuldenberg von 150 Milliarden Franken (!) in den Ruin; getreu den Voraussagen über die Kapitalverknappung im »Ei des Kolumbus«.

Als die Ausstellung ›Unsere Welt – ein vernetztes System‹ eröffnet wurde, arbeiteten die meisten Unternehmen noch mit Planungsmethoden aus der Zeit des ungehemmten Wachstums: Trends wurden analysiert, Voraussagen wurden gemacht und führten zu folgenschweren Entscheidungen, deren Auswirkungen nicht vorausgeplant waren und die sich dank der wirtschaftlichen Hochkonjunktur meistens auch nicht gleich bemerkbar machten.

Inzwischen haben sich zwei Dinge geändert: Erstens kam die Krise, und das führte zweitens zu neuen Einstellungen bei vielen Managern, die die Zeichen der Zeit erkannten. Die »Bionik« – Anwendung von biologischen Funktionsformen zur Lösung von technischen Problemen –, die auf dem rein technischen Sektor schon sehr früh zu neuen Erfindungen wie speziellen Radarantennen oder zu Verbesserungen wie zum Beispiel der Aerodynamik von Flugzeugen, der Gleitfähigkeit von Schiffsrümpfen oder der Statik von großen Dachkonstruktionen geführt hatte, wurde endlich auch für die wirtschaftliche Planung und Unternehmensstrategie entdeckt.

Es waren keineswegs die »grün« angehauchten Manager oder gar die »Aussteiger«, die sich dem neuen Planungsdenken verschrieben, sondern gerade die hart kalkulierenden Rechner, denen die Tatsache imponierte, über wie viele Milliarden Jahre das Unternehmen Natur schon arbeitete.

Ein von Frederic Vester in Zusammenarbeit mit Planungsfachleuten entwickeltes Instrumentarium, das »Sensitivitätsmodell«, basiert auf den Erfolgsrezepten der natürlichen Systeme und wendet sie sinngemäß an. Das

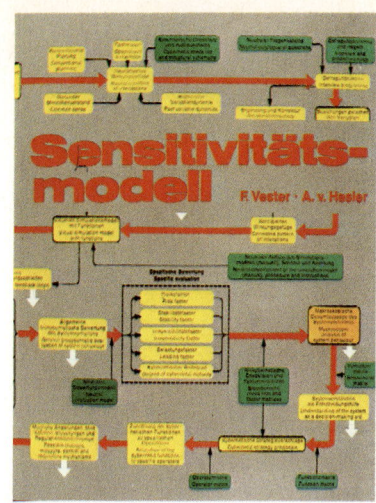

Umschlag der im Auftrag des Umwelt-
bundesamtes durchgeführten UNESCO-
Studie ›Sensitivitätsmodell‹.

Sensitivitätsmodell erlebt zur Zeit in Managementkreisen seinen eigentlichen Boom. Der Schritt vom hauptsächlichen Diskutieren und Publizieren zum Umsetzen ist von den ersten Unternehmern mit Erfolg unternommen worden. In wenigen Jahren dürften viele Firmen dem »Systemdenken« auf dem Weg in die Praxis gefolgt sein.

Der schweizerische Holzstoff-Konzern, der in mehreren europäischen Ländern mehr als 2300 Mitarbeiter beschäftigt, hat schon 1979 – nach einem Zusammentreffen der Geschäftsleitung mit Frederic Vester am internationalen Management-Symposium in Davos und mehreren Schulungsseminaren dann ab Januar 1982 – sein Management konsequent auf biokybernetisches Denken ausgerichtet und auch prompt seinen Gewinn – trotz leicht abnehmendem Umsatz – im neuen Geschäftsjahr um 17 Prozent steigern können. In dem neuen Unternehmensleitbild heißt es unter anderem: »Da Holzstoff mit den angeschlossenen Betrieben Teil eines ökonomischen, sozialen, ökologischen Ganzen darstellt, ist die Existenzsicherung zwingend nur im Gleichgewicht mit diesen Umweltfaktoren zu verwirklichen.«

Die in der Wanderausstellung und in diesem Taschenbuch angedeuteten biokybernetischen Prinzipien – Selbstregulation durch negative Rückkopplung, Unabhängigkeit vom Wachstum und vom Produkt, Jiu-Jitsu-Prinzip, Mehrfachnutzung, Recycling, Symbiose und Vereinbarkeit mit der Umwelt – bestimmten auch die Planung und den Bau eines 20-Millionen-Projekts, des Frankfurter Pueblos, eines neuartigen, von Frederic Vester konzipierten Freizeitzentrums. Schon im Rohbau übt das ungewöhnliche Gebäude mit seinen Naturformen auf den Besucher einen faszinierenden Reiz aus

Der umweltbewußte Ort Derendingen in der Schweiz baute die Ausstellung wie einen »Stadtteil« auf.

und beweist damit, daß auch moderne Großbauten keine seelenlosen Betonklötze sein müssen.

Die Anwendungsgebiete der biokybernetischen Planung sind praktisch unbegrenzt. So konzipiert ein deutscher Großunternehmer derzeit mit Hilfe des Sensitivitätsmodells neue Anbau-, Beratungs- und Vertriebsmethoden zur verstärkten Verbreitung von Produkten des biologischen Landbaues auf dem deutschen Lebensmittelmarkt.

In der Schweiz analysierte ein Mitarbeiter des schweizerischen Konsumentinnenforums vor der Volksabstimmung über die Preisüberwachungsinitiative in einem kleinen Sensitivitätsmodell die Pro- und Contraargumente, um die Wirksamkeit der Abstimmungskampagne zu verbessern. Dies mag mit dazu beigetragen haben, daß die Volksinitiative zur Preisüberwachung am 28. November 1982 überraschend angenommen wurde (ein erstmaliger Fall in der Nachkriegsgeschichte, nachdem wegen der Besonderheiten des schweizerischen Abstimmungsverfahrens, das die konservativen Kräfte bevorzugt, jahrzehntelang Dutzende von Volksbegehren verworfen worden waren).

Auf einer Vortragsveranstaltung der Deutschen Gesellschaft für Baukybernetik (die mit Vesterschen Ideen arbeitet) wiesen Fachingenieure nach, daß durch kybernetische Betriebsführung im Durchschnitt 15 Prozent der Baukosten gespart und die Bauzeiten um 30 Prozent gekürzt werden können. Dabei wurde ausdrücklich auf die in der Ausstellung ›Unsere Welt – ein vernetztes System‹ gezeigten Prinzipien und auf das Exponat »Das kybernetische Haus« hingewiesen.

Auch in der Werbebranche haben diese Prinzipien Fuß gefaßt. Das »Öko-Marketing« – Orientierung eines Unternehmens beim Absatz seiner Produkte nach ökologischen Gesichtspunkten – sei eine »Jahrhundertaufgabe für das Management«, schreibt der Mitinhaber einer deutschen Werbeagentur. In einem Fachartikel heißt es: »Praktischer Umweltschutz beginnt beim Marketing. Dort, wo die Ideen entstehen und die Produkte für den Markt entwickelt werden, werden die Entscheidungen getroffen, die Folgeschäden für das Gesamtsystem verhindern können ... Im Bereich der Produktentwicklung wird es vielfältige Aufgaben geben, von Wegwerfprodukten zu Langzeitprodukten überzugehen. Neues Design, neue Verpackungstechniken sind notwendiger denn je.«

Solche Ideen werden inzwischen in die Praxis umgesetzt, zum Beispiel durch Entwicklung eines Nachfüllsystems für die Kosmetikindustrie, eines Recyclingmodells für Altpapier oder eines Containersystems für die Getränkeindustrie.

Die Aufzählung könnte noch lange fortgesetzt werden. Vollends unmöglich ist es, hier auch nur einigermaßen die Aktivitäten zu beschreiben, die durch die Ausstellung angeregt wurden: Anfragen von Hochschulinstituten, Museen und Einzelpersonen (darunter vor allem Schüler, die das Computerspiel auf ihrem Rechner programmieren wollten) aus aller Welt, publizistische und verlegerische Projekte, aber hauptsächlich eine nicht in Zahlen und Fakten zu fassende Vervielfachung der in der Ausstellung gezeigten Ideen.

So ist das Computerspiel längst zu einem »funktionsfähigen Papp-Computer«, einem neuartigen Drehscheibenspiel namens ›Ökolopoly‹ geworden, das erstmals auf der IGA 83, der Internationalen Gartenbauausstellung in München, verkauft wurde. Auch das »Ei des Columbus« hat dort eine »ornithologische Schwester« bekommen: das Fensterbilderbuch ›Der Wert eines Vogels‹. Ja, auf der gleichen IGA hat sich im Pavillon des Bayerischen Umweltministeriums eine von Frederic Vester gestaltete erste Tochter seiner großen Wanderausstellung unter dem Titel ›Mensch und Natur – gemeinsame Zukunft‹ als besondere Publikumsattraktion etabliert; natürlich mit wieder neuen Modellen und Darstellungen, doch in der bewährten Didaktik. Von Presse und Fachleuten bereits als *das* ökologische Bonbon der sonst nicht gerade an Selbstregulationen und ökologischen Gedanken reichen Gartenschau bezeichnet, wird wohl auch diese neue Ausstellung ein tieferes Verständnis von den Wirkungsgefügen unserer vernetzten Welt weitertragen.

Denn hier wie da waren mehr als die Hälfte aller Besucher Schüler. Wenn es auch nur einem Teil von ihnen so ergangen ist wie mir, dem Verfasser dieses Nachwortes – an das Aha-Erlebnis, das ich beim Betrachten des Lincoln-Porträts hatte, werde ich mich noch nach Jahren erinnern –, dann dürften solche Ausstellungen immer auch eine erhebliche Langzeitwirkung haben, nicht zuletzt über die heranwachsende Generation.

Unsere Welt, das vernetzte System, steckt in einer tiefen Krise. Die Ausstellung bringt Beispiele genug, die aus dem stärksten Optimisten einen Pessimisten machen könnten. Doch die Reaktionen auf die Ausstellung haben gezeigt, daß vielen auch neuer Mut gemacht wird, daß es noch sehr viele Menschen gibt, die neue Ideen haben. Menschen, die, um mit Ralf Dahrendorf zu sprechen, die »Chancen der Krise« zu nutzen wissen. Solange es solche Menschen gibt – und es werden ihrer immer mehr –, dürfen wir hoffen, daß unsere Welt nicht nur ein vernetztes, sondern auch für möglichst viele Menschen ein lebenswürdiges System bleiben wird. Möge auch dieses Taschenbuch durch die weitere Verbreitung der auf der Ausstellung gezeigten Ideen dazu beitragen.

Christian Bachmann

Die Mitarbeiter der Ausstellung

Ausstellungsdesign und Grafik: Otto Gmür, Architekt SWB. Herbert Kaulbarsch, Bargteheide/Holstein. Aiga Rasch, Illustratorin BdG, Stuttgart. Peter Schimmel, Zeichnung und Illustration, München. Das Team der Studiengruppe für Biologie und Umwelt GmbH, München.
Berater: Professor Dr. K. Egger, Heidelberg. Professor Dr. M. L. El-Fouly, Kairo. Dr. H. Haas, Weilheim. Dr. F. Krause, Frankfurt. Professor Dr. Naveh, Haifa. Dr. G. Schaefer, Kiel. Arbeitskreis Mensch und Umwelt an der Volkshochschule München.
Modellbau: Dipl.-Ing. Ernst Beinroth. Bruni AG, Glattburg. Hannes Burkhard, München. Firma Burri AG, Zürich. Institut für die Pädagogik der Naturwissenschaften (IPN), Kiel. Herbert Kaulbarsch, Bargteheide. Stadler & Gamma, Luzern.
Konzeption und Gesamtgestaltung: Prof. Dr. F. Vester, München.

Die Ausstellung wurde ermöglicht durch die finanzielle Unterstützung folgender Sponsoren:

Bild der Wissenschaft, Stuttgart. BMW Bayerische Motorenwerke AG, München. Ludwig Bölkow, München. Robert Bosch GmbH, Stuttgart. Arthur Boskamp, Hohenlockstedt/Holstein. Atelier Norbert Büdinger, München. Bundesministerium des Inneren, Bonn. Burri AG, Zürich. Deutsche Verlags-Anstalt GmbH, Stuttgart. Gottlieb Duttweiler-Institut, Zürich/Rüschlikon. IBM Deutschland GmbH, Stuttgart. Ingenieurbüro für angewandte Bau- und Siedlungsforschung (ifab), Holzminden. Institut für Pädagogik der Naturwissenschaften, Kiel. Ernst Klett Verlag, Stuttgart. KKB Kundenkreditbank – Deutsche Haushaltsbank, Düsseldorf. Marketing Management Institut, Frankfurt. Messer Griesheim GmbH, Frankfurt. Müller's Mühle, Müller GmbH, Gelsenkirchen. Senat der Stadt Berlin. Siemens AG, München. Stiftung Mittlere Technologie, Kaiserslautern. Studiengruppe für Biologie und Umwelt GmbH, München. Umweltbundesamt, Berlin. UNESCO, Paris. World Wildlife Fund, Zürich.

Literaturhinweise

Werke des Autors zum Thema

Bücher:
Das Überlebensprogramm. (Fischer Taschenbuch) Frankfurt 1975
Krebs – fehlgesteuertes Leben. (dtv Taschenbuch) München 1977
Denken, Lernen, Vergessen. (dtv Taschenbuch) München 1978
Phänomen Streß. (dtv Taschenbuch) München 1978
Rettet die Vögel, wir brauchen sie (mit H. Stern, G. Thielcke, R. Schreiber). (Herbig
    Verlag) München 1978
Das Ei des Kolumbus. (Kösel Verlag) München 1979
Rettet die Wildtiere (mit H. Stern, W. Schröder, W. Dietzten). (Pro Natur Verlag)
    Stuttgart 1980
Neuland des Denkens – vom technokratischen zum kybernetischen Zeitalter. (DVA)
    Stuttgart 1980
Sensitivitätsmodell (mit A. von Hesler). (Umlandverband Frankfurt) Frankfurt 1980
Der Wert eines Vogels. (Kösel Verlag) München 1983
Ballungsgebiete in der Krise. (dtv Taschenbuch) München 1983
Ein Baum ist mehr als ein Baum. (Kösel Verlag) München 1984

Filme:
Phänomen Streß, 6-teilige Filmserie. (Imbild) München
    I Menschendichte und Verkehr – II Ehrgeiz, Angst, Prestige – III Technik, Lärm,
    Bewegung – IV Familie und Zusammenleben – V Urlaub und Erholung – VI Alter
    und Einsamkeit
Blick ins Gehirn, 3-teilige Unterrichts-Filmserie. (Klett Verlag) Stuttgart
    I Gehirnverdrahtung – II Denkblockaden – III Stufen des Gedächtnisses
Denken, Lernen, Vergessen, 3-teilige Filmserie. (Polymedia) Hamburg
    I Eine wissenschaftliche Kreuzfahrt durch unser Gehirn, Teil 1 – II Eine wissen-
    schaftliche Kreuzfahrt durch unser Gehirn, Teil 2 – III Neue Erkenntnisse für die
    Praxis

Spiele:
Ökolopoly. Ein kybernetisches Umweltspiel. (Otto Maier Verlag) Ravensburg 1984
Kybernetien. Ein Computerspiel zur Einführung in »vernetztes Denken«. Simula-
    tionsprogramm mit Begleitmaterial (in Vorbereitung)
Beide herausgegeben von und zu beziehen durch: Studiengruppe für Biologie und
    Umwelt GmbH, Nußbaumstraße 14, 8000 München 2

Weiterführende Literatur (eine Auswahl)

Ahlheim, K. H. (Hrsg.): Wie funktioniert das? Die Umwelt des Menschen. (Biblio-
    graphisches Institut) Mannheim 1975
Bandulet, B.: Schnee für Afrika. (Herbig) München 1978
Bio-Energie. (Fischer Taschenbuch) Frankfurt [3]1980

Dörner, D.: Problemlösen als Informationsverarbeitung. (Kohlhammer) Stuttgart 1976

Ehrlich, P. und A.: Bevölkerungswachstum und Umweltkrise. (Fischer) Frankfurt 1972

Faskel, B.: Die Alten bauen besser. (Eichborn) Frankfurt 1982

Franck, G.: Gesunder Garten durch Mischkulturen. (Südwest) München ⁴1980

Global 2000. Bericht an den Präsidenten. (Zweitausendeins) Frankfurt 1980

Grüne Archen. In Harmonie mit Pflanzen leben. Das Modell der Gruppe ›LOG ID‹. (Fricke) Frankfurt ²1982

Kickuth, R. (Hrsg.): Die ökologische Landwirtschaft (C. F. Müller) Karlsruhe 1982

Koestler, A.: Die Wurzeln des Zufalls. (Suhrkamp Taschenbuch) Frankfurt 1977

Kükelhaus, H.: Organismus und Technik. (Fischer) Frankfurt 1979

McRobie, G.: Small is Possible. (Harper & Row) New York 1981

Meadows, D.: Die Grenzen des Wachstums. (DVA) Stuttgart 1972

Minke, G./G. Witter: Häuser mit grünem Pelz. (Fricke) Frankfurt 1982

Nachtigall, W.: Unbekannte Umwelt. (Hoffmann und Campe) Hamburg 1979

–: Biostrategie. (Hoffmann und Campe) Hamburg 1983

Nahr, H.: Immer Ärger mit der Energie. (Ypsilon) Neustadt a. d. Aisch ²1981

Odum, H. T.: Environment Power and Society. (John Wiley & Sons) New York 1971

Osche, G.: Ökologie. (Herder) Freiburg 1973

Rapoport, A.: Konflikt der vom Menschen gemachten Umwelt. (Darmstädter Blätter) Darmstadt 1975

Rosnay, J. de: Das Makroskop. (DVA) Stuttgart 1977

Schumacher, E. F.: Es geht auch anders. (Desch) München 1974

Sening, Chr.: Bedrohte Erholungslandschaften. (Beck, Schwarze Reihe) München 1977

Stobaugh/Yergin, Harvard Business School: Energie Report. (Bertelsmann) München 1980

Vereinigung Deutscher Wissenschaftler: Welternährungskrise oder: Ist eine Hungerkatastrophe unausweichlich? (Rowohlt Taschenbuch) Reinbek 1968

Vitzthum, W. (Hrsg.): Die Plünderung der Meere. (Fischer Taschenbuch) Frankfurt 1981

Bildquellennachweis

R. Ayoub, München: S. 128 unten
Bayerische Motoren Werke, München: S. 22 unten, S. 86 oben, S. 95
Bildagentur Prenzel, Gröbenzell: S. 52
F. W. Dahmen, Mechernich: S. 115 rechts
E. Deml, Neuherberg: S. 29 links Mitte und unten, S. 30 links oben
H. Erni, Luzern: S. 146
G. Gerster, Zumikon-Zürich: S. 24 unten
H. Grote, Holzminden: S. 133
H. Hess, München: S. 42 oben
W. Jerney, München: S. 21 unten, S. 23 rechts Mitte, S. 34 oben
N. Jorek, Greven-Gimbte: S. 34 links Mitte
J. G. Jules, Paris: S. 76
M. Kage, Weißenstein: S. 18 drittes Bild von oben, S. 20 links, S. 22 zweites Bild von
    unten, S. 29 links oben, S. 139
H. Kordländer, Ondallaz: S. 22 zweites Bild von oben. S. 75 unten
J. Kunz, Grampersdorf: S. 97, S. 108
E. R. Lewis, Berkley: S. 152
J. Lieder, Ludwigsburg: S. 140 oben und links Mitte
Lurgi Gesellschaften, Frankfurt: S. 18 oben, S. 34 rechts unten
Regierung von Niederbayern, Landshut: S. 69 unten
F. Sauer, Karlsfeld: S. 21 Mitte, S. 138 untere Bildreihe
H. Schrempp, Breisach: S. 115 links
R. Siegel, Breckerfeld: S. 23 rechts unten, S. 34 links unten
G. Snajberk, München: S. 17 Mitte, S. 21 oben
Stern, Hamburg: S. 74
Alle übrigen Abbildungen: Studiengruppe für Biologie und Umwelt GmbH, München

Cousteau-Umweltlesebücher 1–7

Hrsg. von Jacques-Yves Cousteau und den
Mitarbeitern der Cousteau-Society
Aus dem Amerikanischen übersetzt
von Elke Martin
Für die deutsche Ausgabe bearbeitet
von Elke Martin und Hermann Feuersee
Zus. 1500 Seiten mit zahlreichen Fotos,
Karten und Illustrationen, kart.,
7 Bände in Kassette.
ISBN 3-608-95433-3

Die Gefährdung unserer Welt ist kein lokales,
sondern ein globales Problem. Wer sich
verantwortungsbewußt verhalten will, muß
sich umfassend informieren. Daher jetzt als
Kassette: alle sieben Cousteau-Umweltlese-
bücher.

*»In keiner Sekunde langweilt sich der
Leser… Wer ein trockenes Zahlenmaterial
erwartet, sieht sich getäuscht. Viel eher ist
der Band ein Lesebuch, exakt wie der Titel
verspricht. Leicht zu lesen, leicht verständ-
lich, ungeheuer informativ und spannend.«
(Badische Neueste Nachrichten)*

*»Wir sind nicht die Opfer eines bösen Gottes
– wir sind die Opfer all des Üblen, das wir
selbst geschaffen haben.«
(Jacques-Yves Cousteau)*

Klett-Cotta

Frederic Vester
im dtv

Foto: Isolde Ohlbaum

Denken, Lernen, Vergessen
Was geht in unserem Kopf vor, wie
lernt das Gehirn, und wann läßt es
uns im Stich?

Frederic Vester vertritt eine völlig
neue Richtung der Gehirnfor-
schung: die Biologie der Lernvor-
gänge. Ein Testprogramm zeigt
dem Leser, wie er seinen individuel-
len Lerntyp feststellen und seinen
eigenen »biologischen Computer«
am effektivsten nutzen kann.
dtv 1327

Phänomen Streß
Wo liegt sein Ursprung, warum ist
er lebenswichtig,
wodurch ist er entartet?

»Vester ist es in bewundernswerter
Weise gelungen, die wesentlichen
Zusammenhänge des Streßgesche-
hens in einer auch dem Laien ver-
ständlichen Sprache zu vermitteln.
Sein Buch ist höchst angenehm zu
lesen, gut illustriert und äußerst in-
struktiv.« (Professor Hans Selye,
der »Vater der Streßforschung«)
dtv 1396

Unsere Welt –
ein vernetztes System

Ein faszinierender Einblick in die
Gesetzmäßigkeiten von sich selbst
regulierenden Systemen, die vom
Mikrokosmos bis zum Makrokos-
mos die gleichen sind. Anhand vieler anschaulicher Beispiele erläutert
Vester die Steuerung von Systemen
in der Natur und durch den Menschen, und wie wir sie in ihren Abhängigkeiten und Wechselwirkungen verstehen, beurteilen und zur
Lösung von Problemen einsetzen
können.
dtv 10118

Neuland des Denkens
Vom technokratischen zum
kybernetischen Zeitalter

Das fesselnd und allgemeinver-
ständlich geschriebene Hauptwerk
von Frederic Vester – eine grundlegende und breitgefächerte Orientie-
rungshilfe für alle, die an einer
(über-)lebenswerten Zukunft interessiert sind.
dtv 10220

Hoimar v. Ditfurth im dtv

Der Geist fiel nicht vom Himmel
Die Evolution unseres Bewußtseins

Die Entstehung menschlichen Bewußtseins als notwendiges Ergebnis einer Jahrmilliarden langen Entwicklungsgeschichte. »... der gelungene Versuch, dem Leser jenen Eckzahn des ›Mittelpunktwahns‹ zu ziehen, daß nämlich die Welt so beschaffen ist, wie wir sie als Menschen erleben.« (Hamburger Abendblatt) dtv 1587

Foto: York-Foto, Freiburg i. Br.

Im Anfang war der Wasserstoff

Ein Report über 13 Milliarden Jahre Naturgeschichte, angefangen vom Urknall über die Entstehung des »Abfallprodukts« Erde, über die große Sauerstoffkatastrophe, die Entstehung der Warmblütigkeit (und damit die Voraussetzung für das menschliche Bewußtsein) bis hin zur Möglichkeit interplanetarisch-galaktischer Kommunikation. Durchgehend verzeichnet Ditfurth dabei das Vorherrschen von Vernunft. dtv 1657

Kinder des Weltalls
Der Roman unserer Existenz

Anhand wissenschaftlicher Erkenntnisse vollzieht Ditfurth nach, warum auf unserer Erde Leben entstehen konnte und wie unser Dasein von ineinandergreifenden kosmischen Vorgängen abhängt. dtv 10039

Wir sind nicht nur von dieser Welt
Naturwissenschaft, Religion und die Zukunft des Menschen

»Dies Buch wird in der Überzeugung geschrieben, daß die naturwissenschaftliche und die religiöse Deutung der Welt und des Menschen miteinander in Einklang zu bringen sind.« (Hoimar von Ditfurth) dtv 10290 / großdruck 25027

Zusammen mit Volker Arzt:

Dimensionen des Lebens

Reportagen aus der Naturwissenschaft auf der Grundlage der Fernsehreihe »Querschnitte«, mit der Hoimar v. Ditfurth und Volker Arzt gezeigt haben, daß allgemeinverständliche Beiträge aus diesem Bereich möglich sind und wissenschaftliche Materie durchaus in fesselnde Erlebnisse auch für den fachlich nicht vorgebildeten Zuschauer umgesetzt werden kann. dtv 1277

Querschnitte
Reportagen aus der Naturwissenschaft

Zehn weitere Beiträge aus der erfolgreichen Fernsehserie »Querschnitte« in Buchform. dtv 1742

Biologie

**Harry Garms:
Pflanzen und
Tiere Europas**
Ein Bestimmungsbuch

dtv

**Rupert Riedl:
Biologie
der Erkenntnis**
Die stammesgeschichtlichen Grundlagen
der Vernunft

dtv
Sachbuch

Hans-Peter Dörfler/
Gerhard Roselt:
Heilpflanzen
dtv 3269

Wolf-Eberhard
Engelmann:
Lurche und
Kriechtiere Europas
dtv-Enke 3263

Dierk Franck:
Verhaltensbiologie
Eine Einführung in
die Ethologie
dtv-Thieme 4337

Harry Garms:
Pflanzen und Tiere
Europas
Ein Bestimmungsbuch
dtv 3013

Martin Görner/
Hans Hackethal:
Säugetiere Europas
dtv-Enke 3265

Hans Haas/Irenäus
Eibl-Eibesfeldt:
Wie Haie wirklich sind
dtv 10574

Insekten
Mitteleuropas
Herausgegeben von
Ulrich Sedlag
dtv-Enke 3264

Gerhard Jagnow/
Wolfgang Dawid:
Biotechnologie
Eine Einführung
mit Modellversuchen
dtv-Enke 4432

Liselotte Lenz:
Waldboden
Farbstiftzeichnungen
dtv 1698

Horst Müller:
Fische Europas
Neumann Verlag/
Enke/dtv 3262

Psychobiologie
Wegweisende Texte
der Verhaltensforschung
von Darwin bis zur
Gegenwart
Herausgegeben von
Klaus R. Scherer,
Adelheid Stahnke
und Paul Winkler
dtv 4452

Anne E. Rasa:
Die perfekte Familie
Leben und
Sozialverhalten
der afrikanischen
Zwergmungos
dtv 10869

Rupert Riedl:
Biologie der
Erkenntnis
Die stammesgeschicht-
lichen Grundlagen
der Vernunft
dtv 10858

Volker Storch/
Ulrich Welsch:
Evolution
Tatsachen und
Probleme der
Abstammungslehre
dtv 4499

Pierre Teilhard de
Chardin:
Die Entstehung des
Menschen
dtv 1755

Hubert Walter:
Sexual- und
Entwicklungsbiologie
des Menschen
dtv-Thieme 4314

Natur und Umwelt

Konrad Lorenz
im dtv

**Er redet mit dem Vieh,
den Vögeln und den Fischen**
Unaufdringlich und humorvoll
schildert Lorenz die differen-
zierten Verhaltensweisen der
Tiere, die sein Haus in Altenberg
bei Wien bevölkert haben.
dtv 173

So kam der Mensch auf den Hund
Der Hundebesitzer Lorenz zeigt
Entwicklungsgeschichte und
Verhaltensformen dieser Tierart
auf und erzählt mit viel Humor
von seinen Beobachtungen und
persönlichen Erfahrungen.
dtv 329 / großdruck 2579

**Das sogenannte Böse
Zur Naturgeschichte der
Aggression**
Ein Schlüsseltext unserer gegen-
wärtigen menschlichen Selbst-
erkenntnis mit epochalem Rang,
der eine fruchtbare und nützliche
Diskussion über die natürlichen
Grundlagen des menschlichen
Daseins in Gang gesetzt hat.
dtv 1000

**Die Rückseite des Spiegels
Versuch einer Naturgeschichte
menschlichen Erkennens**
»Der fortschreitende Verfall unserer
Kultur ist so offensichtlich patho-
logischer Natur, trägt so offensichtlich die Merkmale einer
Erkrankung des menschlichen
Geistes, daß sich daraus die
kategorische Forderung ergibt,
Kultur und Geist mit der Frage-
stellung der medizinischen Wissenschaft zu untersuchen.« dtv 1249

Das Jahr der Graugans
Ein außergewöhnlicher Text- und
Bildband über die Lebens- und
Verhaltensweisen der Graugänse in
ihrer natürlichen Umwelt. Mit
147 Farbfotos aus dem Jahresablauf
des Familien- und Gesellschafts-
lebens der Wildgänse. dtv 1795

**Konrad Lorenz/Kurt L. Mündl:
Noah würde Segel setzen
Vor uns die Sintflut**
Eine eindringliche Warnung vor der
Zerstörung der für Mensch und
Tier unentbehrlichen natürlichen
Lebensräume. Mit Portraits in Text
und Bild von fünfzig bedrohten
heimischen Tierarten. dtv 10750

**Antal Festetics:
Konrad Lorenz**
Eine lebendige und anschauliche
Biographie des Nobelpreisträgers
von seinem Schüler und Weg-
gefährten Antal Festetics.
Mit 250 Fotos. dtv 11044